Pramod Rokade

Um livro de referência sobre a ciência das pescas

AF568675

Pramod Rokade

Um livro de referência sobre a ciência das pescas

ScienciaScripts

Imprint

Any brand names and product names mentioned in this book are subject to trademark, brand or patent protection and are trademarks or registered trademarks of their respective holders. The use of brand names, product names, common names, trade names, product descriptions etc. even without a particular marking in this work is in no way to be construed to mean that such names may be regarded as unrestricted in respect of trademark and brand protection legislation and could thus be used by anyone.

Cover image: www.ingimage.com

This book is a translation from the original published under ISBN 978-3-659-11375-8.

Publisher:
Sciencia Scripts
is a trademark of
Dodo Books Indian Ocean Ltd. and OmniScriptum S.R.L publishing group

120 High Road, East Finchley, London, N2 9ED, United Kingdom
Str. Armeneasca 28/1, office 1, Chisinau MD-2012, Republic of Moldova, Europe
Printed at: see last page
ISBN: 978-620-8-04571-5

Copyright © Pramod Rokade
Copyright © 2024 Dodo Books Indian Ocean Ltd. and OmniScriptum S.R.L publishing group

Dedicado a

Os meus filhos

PRATIK & PRACHI

Conteúdo

Prefácio

Existem no mercado muitos livros sobre a ciência das pescas, que se debruçam sobre diferentes aspectos dos peixes e da sua vida. No entanto, alguns tratam dos peixes, outros das suas caraterísticas exteriores, outros ainda dos seus sistemas e assim por diante.

Um estudante tem de consultar mais de dois ou três livros para obter informação sobre peixes e aquacultura. Esta é a minha tentativa de reunir toda a informação importante sobre a vida aquática num só livro para estudantes e cientistas em início de carreira. Este livro vai dar-lhes toda a informação de que necessitam sobre a vida aquática, incluindo insectos aquáticos, doenças e a sua cura, construção e manutenção de aquários, peixes de aquário, insectos aquáticos, reprodução induzida, todos os aspectos são cobertos.

O livro está dividido em capítulos e subcapítulos, tendo em conta as necessidades e o conforto dos estudantes. Cada capítulo contém informações completas.

A linguagem é muito simples e direta, podendo ser compreendida pelos estudantes de licenciatura e de pós-graduação. Os diagramas são simples e desenhados à mão, o que facilita aos estudantes desenharem o diagrama nos seus registos e notas.

Capítulo 1. Piscicultura ideal

A conceção e a qualidade da construção de uma exploração piscícola afectam diretamente o investimento e a produção de peixe. Os seguintes requisitos devem ser enfatizados no cálculo e no projeto.

Qualidade da água:

O requisito mais importante na construção de uma piscicultura integrada é o abastecimento de água. A água pode ser usada para esta exploração se for fornecida numa qualidade desejável. Se a fonte de água estiver perto de uma fábrica ou de esgotos, a qualidade da água deve ser verificada ou isso vai prejudicar a produção de peixe.

A água subterrânea não pode ser usada para a exploração piscícola porque tem um alto teor de dióxido de carbono e baixo teor de oxigénio. O pH deve estar entre 6,5 e 8,5. A exploração deve estar localizada numa região rodeada por uma área montanhosa para que a água entre na exploração piscícola e possa ser armazenada em caso de escassez de água.

A maior parte das vezes a quinta deve estar perto de um rio ou de uma barragem para que a água seja abundante. Deve ser preparada uma entrada e uma saída.

Qualidade do solo:

O solo deve ser capaz de reter água e o solo argiloso retém água quando misturado com silte. O solo arenoso e o solo siltoso são muito porosos e têm pouca capacidade de retenção de água. O pH deve situar-se entre 7,00 e 9,00. Deve ser rico em nutrientes. Se o solo é demasiado alcalino a produção de peixe é prejudicada.

Planta de implantação de uma exploração piscícola:

O tipo de quinta que temos de construir tem de estar preparado na nossa mente. Antes da construção é necessário desenhar o plano de implantação. Quantos tanques devem existir, qual deve ser a profundidade dos vários tanques, a sua localização, o abastecimento de água, tudo isto deve ser claro e desenhado antes da construção.

Alguns agricultores pegam nas sementes de peixe da incubadora e criam-nas nos seus tanques, enquanto que algumas pessoas criam os seus peixes, chocam os ovos e criam os alevins até que eles tenham um tamanho comercializável. No segundo tipo de incubadora, onde a criação de peixes é efectuada, são necessários mais tanques em comparação com o outro.

Tipos de tanquesLagoa de armazenamento de água: a lagoa de armazenamento de água é a primeira e a principal grande lagoa na qual a água pode ser armazenada. Este tanque pode ser construído perto da fonte de água. Este tanque é construído para satisfazer as necessidades de água dos outros tanques.

Tanque de reprodutores: neste tanque são mantidos os peixes que estão prontos para se reproduzir e são conhecidos como reprodutores. As fêmeas grávidas e os machos maduros são mantidos neste tanque para que possam ser transferidos para o tanque de reprodução para pôr ovos através da injeção de hormonas artificiais.

Tanque de reprodução: trata-se de um grande tanque de forma circular em que a água circula continuamente no tanque no sentido dos ponteiros do relógio. O objetivo é criar a atmosfera artificial de um rio. Os reprodutores são introduzidos neste tanque. São introduzidos dois machos e uma fêmea. Devido à circulação da água, os peixes sentem que estão no rio e põem prontamente ovos que são fertilizados pelos machos. Estes ovos são depois transferidos para os tanques de incubação. Este tanque tem geralmente 3 metros de profundidade.

Tanques de incubação: estes tanques medem cerca de 8x4x2 pés e são utilizados para incubar os ovos fornecidos pelas criadeiras. A água nestes tanques corre a uma velocidade lenta para que os ovos sejam arejados e eclodam mais cedo. Quatro a seis tanques podem ser usados como tanques de incubação.

Tanques viveiros: estes tanques medem cerca de 50x50x4 pés. Quando os ovos eclodem e os alevins têm 2-3 dias de idade, são transferidos para os tanques viveiros. Antes de transferir os alevins o tanque é criado de tal maneira que há um amplo crescimento de zoo e fitoplânctons para os alevins e eles podem crescer em tamanho.

Tanques de criação: estes tanques medem até 90x30x4 pés. Estes tanques são construídos de forma comprida e estreita de modo a que a colocação de redes possa ser feita facilmente. Os alevins avançados de 2-3 meses são mantidos neste tanque.

Tanques de povoamento: estes tanques medem até 300x88x6 pés. Os peixes bem crescidos são mantidos nestes tanques.

Tanques de comercialização: os peixes que se destinam a ser vendidos ou comercializados são mantidos nestes tanques. Enquanto os que estão completamente maduros e podem pôr ovos durante a estação são transferidos para o tanque de criação.

Armazenamento dos alimentos: deve ser construído um pequeno compartimento no qual os alimentos dos peixes devem ser guardados.

Escritório: um elemento essencial é o escritório, que deve estar situado perto do armazém de alimentos e do tanque de criação e da entrada principal.

Capítulo 2. Estudo do pH da água com a ajuda de um medidor de pH.

Introdução ao medidor de pH:

Um medidor de pH é um instrumento eletrónico utilizado para medir o pH (acidez ou basicidade) de um líquido. Um medidor de pH típico consiste num elétrodo de vidro especial ligado a um medidor eletrónico que mede e apresenta a leitura do pH de uma amostra quando o elétrodo de vidro é inserido nessa amostra.

O elétrodo de vidro mede o pH como a atividade dos iões de hidrogénio que rodeiam o bolbo de vidro na sua ponta. Produz uma pequena tensão de cerca de 0,06 volts por unidade de pH, que é medida e apresentada em unidades de pH pelo medidor.

Objetivo: estudar o pH da água com a ajuda de um medidor de pH.

Aparelhos: medidor de pH, eléctrodos de vidro, soluções-tampão de diferentes gamas e amostra de água.

Procedimento:

O primeiro passo para medir o pH num medidor de pH é a calibração do instrumento numa solução tampão conhecida. Após a calibração, podemos efetuar as leituras.

Solução tampão e calibração do instrumento:

Os medidores de pH devem ser ajustados antes de os utilizarmos nas amostras. Estes medidores são ajustados ou calibrados contra soluções de pH conhecido e estas soluções são as soluções tampão com um pH conhecido.

Estes tampões não alteram o seu valor de pH após diluição e resistem à alteração do pH quando lhes são adicionadas pequenas quantidades de ácido ou alcalino.

A calibração deve ser efectuada antes de cada utilização do medidor de pH, mas atualmente os medidores modernos mantêm a sua calibração durante cerca de um mês. De preferência, devem ser preparadas duas soluções tampão entre os intervalos em que se pretendem efetuar as medições. O primeiro tampão de 10,01 para a solução básica e 4,01 para as soluções básicas. Agora o medidor de pH está calibrado e pronto a ser utilizado. Colocar uma amostra de água num copo de 1000 ml e inserir o elétrodo do medidor de pH na amostra, a leitura aparecerá no instrumento do medidor de pH.

Preparação de soluções tampão:

Colocar 100 ml de água destilada num copo e adicionar uma pastilha-tampão de pH 10,01 à água, misturar bem e a solução-tampão de 10,01 está pronta. Do mesmo modo, adicionar uma pastilha-tampão de pH 4,01 a outro copo com 100 ml de água destilada e a segunda solução-tampão de pH 4,01 está pronta.

Capítulo 3. Reprodução Induzida com Extração da Glândula Pituitária de Peixes

A produção de peixe em águas interiores, que é essencialmente uma pesca de cultura e menos intensiva em termos de capital, tem atualmente uma taxa de crescimento superior à da pesca marítima, que é essencialmente uma pesca de captura e intensiva em termos de capital, e que tem uma taxa de crescimento relativamente lenta. Além disso, o aumento da população resultou na escassez de géneros alimentícios provenientes dos recursos terrestres e mesmo da pesca de captura. Assim, o peixe pode ser fornecido com menos horas de trabalho e menor investimento de capital. Assim, foi dada ênfase à pesca de cultura - **AQUACULTURA**.

O maior problema no cultivo das carpas principais e carpas chinesas é a indisponibilidade de sementes para o povoamento pronto em tanques de peixe. Porque elas não se reproduzem em águas confinadas, apesar de amadurecerem nessas massas de água. Reproduzem-se nos rios inundados durante a monção, quando a temperatura é baixa. Embora os recursos de peixe de semente ribeirinha satisfaçam quase 90 % da procura, são mistos e não são adequados para uma piscicultura rentável. Além disso, os peixes de semente podem não estar disponíveis no momento das necessidades e as sementes só estão disponíveis em alguns centros de recolha selecionados que muitas vezes não são facilmente acessíveis e o seu transporte do local de recolha para o local de cultura pode também colocar problemas de mortalidade. Para ultrapassar estes problemas, foi desenvolvida a reprodução induzida pela **"TÉCNICA DE HIPÓFISE"**. Normalmente, as glândulas pituitárias são utilizadas para induzir os peixes a desovar. A hormona segregada pela glândula pituitária estimula o crescimento, o desenvolvimento, a maturidade e a ovulação dos ovos. Estas hormonas segregadas pela hipófise são proteínas ou péptidos.

Colheita da glândula pituitária:

1. A glândula deve, de preferência, ser colhida de peixes grávidos completamente maduros, uma vez que a glândula é mais potente na altura da reprodução ou imediatamente antes da desova.

2. As glândulas colhidas de peixes imaturos ou gastos geralmente não dão resultados satisfatórios.

3. Também se verificou que as glândulas em peixes criados por indução, recolhidos imediatamente após a desova, são eficazes.

4. Na Índia, a época mais adequada para a colheita das glândulas pituitárias das principais carpas é durante os meses de maio a julho, uma vez que a maioria das carpas atinge fases avançadas da sua maturidade durante este período.

5. A carpa comum, *Cyprinus carpio*, é um reprodutor perene, podendo os seus indivíduos adultos ser obtidos durante quase todo o ano para a recolha de glândulas.

6. As glândulas são normalmente colhidas de peixes acabados de matar

Técnica de recolha

- A glândula pituitária está situada na parte ventral do cérebro, logo abaixo do hipotálamo.
- Ao retirar a glândula, o lado dorsal da cabeça é primeiro cortado com uma faca.

O cérebro assim exposto é cuidadosamente retirado, separando-o dos nervos. Na maior parte dos ciprinídeos, quando o cérebro é retirado, a glândula é deixada no chão da caixa do cérebro.

- A dura-máter que cobre a glândula é então cuidadosamente removida com uma agulha fina e uma pinça.
- A glândula exposta é então recolhida intacta sem lhe causar qualquer dano, porque as glândulas danificadas e partidas resultam em perda de potência.

o As glândulas também são recolhidas através do foramen magnum. Neste método de recolha de glândulas, o peixe tem de ser completamente decapitado.

o Enquanto se abre o peixe e se recolhe o sangue da glândula pituitária, este sangra. Para limpar o sangue, o peixe deve ser limpo com algodão ou papel absorvente. Se se utilizar água para limpar a glândula, a sua composição química estará enfraquecida e será facilmente solúvel em água.

o Entre os factores internos, a hormona estimulante sexual da glândula pituitária desempenha um papel importante no desenvolvimento e maturação das gónadas e na desova dos peixes.

A glândula pituitária segrega 5 hormonas. São as seguintes.

1. Hormona Somatotrópica (STH)

2. Hormona adrenocarticotrópica (ACTH)

3. Hormona tireotrópica

4. Hormona gonadotrópica (GTH)

(Hormona Folículo-Estimulante -FSH e Hormona Leutinizante - LH)

5. Prolactina (Hormona Lactogénica)

P É aconselhável utilizar a glândula pertencente à mesma espécie do peixe recetor - **Glândula Homoplástica.**

P Utilização de glândulas pertencentes a espécies diferentes - **Glândula heteroplásica**.

Preservação das glândulas pituitárias:

- As glândulas recolhidas devem ser imediatamente conservadas, uma vez que as proteínas glicoladas ou mucosas nelas contidas são degradadas pela ação enzimática.
- As glândulas pituitárias podem ser preservadas por três métodos.

1. Álcool absoluto

2. Acetona e

3. Congelamento.

A preservação da hipófise de peixe em álcool absoluto é preferida na Índia.

Procedimento de conservação:

1. Álcool absoluto

1. As glândulas, depois de recolhidas, são imediatamente colocadas em álcool absoluto para desidratação e remoção de gordura.

2. Cada glândula é conservada num frasco separado, marcado com uma série para facilitar a identificação.

3. Após 24 horas, as glândulas são lavadas com álcool absoluto e mantidas novamente em álcool absoluto fresco em frascos de cor escura e armazenadas à temperatura ambiente ou no frigorífico.

4. O consumo ocasional de álcool ajuda a manter as glândulas em boas condições durante períodos mais longos.

5. Para evitar que a humidade penetre nas ampolas, estas podem ser conservadas em exsicadores que contenham um pouco de cloreto de cálcio anidro.

6. É preferível conservar as glândulas no frigorífico. Podem ser conservadas no frigorífico até 2-3 anos e à temperatura ambiente até um ano.

2. Acetona

1. É também um bom conservante. Neste método, logo após a colheita, as glândulas são mantidas em acetona fresca ou em acetona seca refrigerada com gelo, num frigorífico a 100^0 C durante 36-48 horas.

2. Durante este período, a acetona é mudada 2-3 vezes, com intervalos de cerca de 8-12 horas, para uma desidratação e desengorduramento adequados.

3. As glândulas são então retiradas da acetona, colocadas num papel de filtro e deixadas a secar à temperatura ambiente durante uma hora.

4. Em seguida, são armazenados num frigorífico a 100^0 C, de preferência em exsicadores carregados com cloreto de cálcio ou qualquer outro agente de secagem.

3. Congelamento da glândula:

- Logo após a remoção da glândula, devem ser armazenados no frigorífico. Mas este método não é muito utilizado.

Vantagens da glândula pituitária (PG)

- A glândula pituitária de uma espécie é normalmente ativa em espécies não relacionadas.
- Fora de época, a desova pode ser induzida.
- Glândulas frescas conservadas em álcool, secas em acetona ou congeladas, bem como o seu extrato de glicerina e suspensões salinas
- Não há diferenças quantitativas na glândula pituitária de homens e mulheres.

Preparação do extrato da glândula pituitária:

1) As glândulas conservadas são pesadas. Isto é essencial para determinar com exatidão a dose a administrar de acordo com o peso dos reprodutores.

2) O peso da glândula pode ser medido individualmente ou em grupo. Para obter um peso mais exato, a glândula deve ser pesada dois minutos após ter sido retirada do álcool.

3) O extrato hipofisário deve ser preparado imediatamente antes do momento da injeção.

4) A quantidade de glândula necessária para a injeção é inicialmente calculada a partir do peso do reprodutor a injetar.

5) As glândulas são então selecionadas e a quantidade necessária de glândulas é retirada das ampolas.

6) Deixa-se evaporar o álcool, se as glândulas forem conservadas em álcool.

7) As glândulas secas com acetona são imediatamente retiradas das ampolas para maceração.

8) As glândulas são então maceradas num homogeneizador de tecidos, adicionando-se uma quantidade medida de água destilada ou solução salina comum ou qualquer solução fisiológica que seja isotónica com o sangue do peixe recetor.

9) Os resultados mais bem sucedidos da reprodução induzida nas carpas principais indianas foram obtidos até à data com água destilada e uma solução de sal comum a 0,3%.

10) A concentração do extrato é geralmente mantida na gama de 1-4 mg de glândula por 0,1 ml do meio, isto é, à taxa de 20-30 gm. da glândula em 1,0 ml do meio.

11) Após a homogeneização, a suspensão é transferida para um tubo de centrifugação. Durante a transferência, o homogenato deve ser bem agitado para que as partículas de glândula sedimentadas que estão a ser misturadas com a solução entrem no tubo de centrifugação.

12) O extrato contido no tubo é centrifugado e o líquido sobrenadante é introduzido numa seringa hipodérmica para injeção.

13) O extrato de hipófise também pode ser preparado a granel e conservado em glicerina (1 parte de extrato com 2 partes de glicerina) antes da época de reprodução dos peixes, de forma a evitar a preparação do extrato todas as vezes antes da injeção.

14) O extrato de caldo deve ser sempre conservado no frigorífico ou em gelo.

Técnica de criação:

- A operação de reprodução induzida das principais carpas é iniciada quando chega a monção regular, os peixes ficam completamente maduros e a temperatura da água desce.
- As fêmeas têm um abdómen redondo, mole e protuberante, com o ventre inchado e avermelhado. Quando se exerce uma ligeira pressão sobre o abdómen, os ovos saem.
- Um macho reprodutor pode ser facilmente distinguido pela aspereza da superfície dorsal das suas barbatanas peitorais e os machos que expelem livremente o esperma são selecionados para reprodução.

1. Dosagem do Extrato de Pituitária:

a) A dose da glândula pituitária é calculada em função do peso dos reprodutores a injetar.

b) Uma única dose elevada foi considerada útil quando os criadouros estão em condições ideais e o tempo é favorável.

c) As tecnologias de produção de sementes de rohu respondem bem a duas injecções, enquanto a catla e a mrigal respondem tanto a uma como a duas injecções.

d) Uma dose inicial como Dose Provocadora à razão de 2-3 mg. de glândula pituitária por kg de peso corporal do peixe é administrada apenas à fêmea reprodutora.

e) Caso a condição de qualquer um dos dois machos não se encontre na fase de exsudação livre, pode ser administrada uma injeção inicial - Dose Provocadora - ao macho à razão de 2-3 mg/ kg de peso corporal.

f) Após 6 horas, é administrada uma segunda dose de 5-8 mg/kg de peso corporal à fêmea, enquanto os machos recebem a primeira ou a segunda dose à razão de 2-3 mg/kg de peso corporal.

g) Dois machos contra cada fêmea formam um conjunto de reprodução. Para obter um bom conjunto de reprodução, o peso dos machos juntos deve ser igual ou superior ao da fêmea.

h) Podem ser feitas ligeiras alterações nas doses, dependendo do estado de maturidade dos reprodutores e dos factores ambientais prevalecentes.

i) 1-3 glândulas pituitárias são eficazes para um par de peixes.

2. Método de injeção:

- A injeção intra-muscular é a prática mais comum na Índia e é menos arriscada em comparação com os outros métodos.
- As injecções intra-peritoneais são geralmente administradas através das regiões moles do corpo, geralmente na base da barbatana pélvica ou, por vezes, na base da barbatana peitoral.
- A injeção intra-peritonial pode causar danos nos órgãos internos, especialmente nas gónadas distendidas em peixes completamente maduros.
- As injecções são geralmente administradas no pedúnculo caudal ou nas regiões do ombro perto da base da barbatana dorsal.
- Ao administrar injecções às carpas, a agulha é inserida por baixo de uma escama, mantendo-a inicialmente paralela ao corpo do peixe e, em seguida, perfurada no músculo num ângulo.
- As injecções podem ser administradas a qualquer hora do dia ou da noite. Mas como a baixa temperatura é útil e a noite permanece comparativamente mais calma, as injecções são geralmente administradas no fim da tarde ou à noite, com horários ajustados de forma a que o peixe possa usar a quietude da noite para desovar sem ser perturbado.
- A seringa hipodérmica mais conveniente para o efeito é uma seringa de 2 cc com graduações de 0,1 cc de divisão.
- O tamanho da agulha da seringa depende do tamanho dos reprodutores

a injetar. A agulha n.º 22 é convenientemente utilizada para carpas de 1-3 kg, a n.º 19 para carpas maiores e a n.º 24 pode ser utilizada para carpas mais pequenas.

- A utilização de anestésicos durante a injeção aumentaria significativamente a sobrevivência dos peixes reprodutores. Os anestésicos habitualmente utilizados são o MS 222 e o Quinaldine.

- O MS 222 pode ser adicionado à água em doses de 50-100 mg/litro. A quinaldina é utilizada na dose de 50-100 mg/litro.

Injeção intra-muscular

3. Reprodução de Hapa e desova:

- Após a injeção, os reprodutores são imediatamente libertados no interior do hapa de reprodução.

- O hapa de criação é geralmente feito de tecido fino com as dimensões de 3,5 x 1,5 x 1,0 m para os reprodutores maiores e de 2,5 x 1,2 x 1,0 m para os reprodutores com menos de 3 kg.

- Todos os lados do hapa de reprodução são cosidos e fechados, com exceção de uma parte superior para a introdução das criadeiras no interior.

- Geralmente, um conjunto de criadeiras é libertado dentro de cada hapa de reprodução.

- Após a libertação dos peixes, a abertura da hapa é fechada de forma segura para que os broosders não possam saltar e escapar.

- Em vez de hapas, podem também ser utilizadas cisternas de cimento ou piscinas de plástico tão grandes como hapas para a reprodução.

- A postura ocorre normalmente dentro de 3-6 horas após a segunda injeção - Dose eficaz.

- Logo após a fecundação, os ovos incham consideravelmente devido à absorção de água.

- Os ovos fecundados das principais carpas parecem contas de vidro brilhantes de transparência cristalina, enquanto os não fecundados têm um aspeto opaco e esbranquiçado.

- O tamanho dos ovos da mesma espécie de diferentes criadeiras varia consideravelmente.

- Os ovos completamente inchados das principais carpas indianas medem 2,5 mm de diâmetro, sendo o maior o da catla e o mais pequeno o da rohu.

- Os ovos de carpa são do tipo não flutuante e não aderente. A gema não possui glóbulos de óleo. As carpas principais indianas têm uma capacidade de postura de ovos abundante.

- A sua fecundidade, em média, é de 3,1 lakh em rohu, 1-3 lakh em catla e 1,5 lakh em mrigal.

- Os ovos em desenvolvimento são mantidos no hapa de reprodução sem serem perturbados durante um período de, pelo menos, 4-5 horas após a postura, a fim de permitir que os ovos endureçam adequadamente na água.

- Depois disso, os ovos são recolhidos da hapa com uma caneca e transferidos para um balde com uma pequena quantidade de água.

- Os criadouros são então retirados e pesados para determinar a diferença entre antes e depois da desova. Este processo dá uma ideia da quantidade de ovos postos.

- O volume total e o número de ovos podem ser facilmente calculados a partir do volume conhecido e do número de ovos da caneca de amostra.

- A percentagem de ovos fertilizados é também avaliada em conformidade, através de uma amostragem aleatória antes e depois da desova. Este processo dá uma ideia da quantidade de ovos postos.

Estimativa dos ovos:

1. Os ovos são recolhidos da hapa por meio de um copo ou de um tabuleiro ou de um copo e transferidos para os baldes.

2. Os criadouros são igualmente retirados do hapa e o seu peso é anotado. A diferença de peso revela aproximadamente o número de ovos postos.

3. Os ovos são mantidos num pedaço retangular de rede mosquiteira de malha apertada, permitindo que a água escorra.

4. Os ovos são medidos num copo, numa caneca ou numa chávena de volume conhecido e transferidos para as incubadoras.

5. Assim, a estimativa da quantidade total é feita a partir do volume total dos ovos medidos. A percentagem de fertilização pode ser obtida através da contagem do número de ovos fertilizados a partir de amostras de ovos de 1 ml.

Método de remoção das carpas exóticas:

- Contudo, as carpas chinesas não desovam naturalmente e, quando desovam, a percentagem de fertilização é geralmente muito baixa.
- A inseminação artificial é efectuada em seguida. A fêmea é mantida com a cabeça inclinada para cima e a cauda para baixo, com o ventre virado para o recipiente, e os ovos são recolhidos num recipiente de esmalte ou de plástico, pressionando a parte do ventre da fêmea.
- O peixe macho é então segurado da mesma forma e o leite é espremido para o mesmo recipiente.
- Os gâmetas são então misturados o mais rapidamente possível por meio de uma pena de pena para permitir a fertilização.
- Os ovos fertilizados são então lavados algumas vezes com água limpa para remover o excesso de leite e deixados em água doce durante cerca de 30 minutos. Os ovos estão então prontos para serem libertados nos tanques de incubação.

Técnica de incubação dos ovos:

- Os ovos recolhidos nos hapas de reprodução são transferidos para os hapas de incubação.

- O hapa de eclosão é constituído por duas partes distintas, o hapa exterior e o hapa interior.
- O hapa interior é mais pequeno e é colocado no interior do hapa exterior. O hapa exterior é feito de um tecido fino com a dimensão normal de 2 x 1 x 1 m, enquanto o hapa interior é feito de um tecido de rede mosquiteira de malha redonda com a dimensão de 1,75 x 0,75 x 0,5 m.
- Todos os cantos das hapas exteriores e interiores estão equipados com laços e cordas para facilitar a instalação.
- Cerca de 75.000 a 1.000.000 ovos estão uniformemente espalhados dentro de cada hapa interior. Os ovos eclodem em 14-20 horas a uma temperatura de 2431^{0} C. O período de incubação é, de facto, inversamente proporcional à temperatura.
- Após a eclosão, os recém-nascidos escapam para a hapa exterior através das malhas da hapa interior.
- A hapa interior contém as cascas dos ovos e os ovos mortos que são retirados quando a incubação está concluída.
- Os recém-nascidos permanecem no hapa exterior sem serem perturbados até ao terceiro dia após a eclosão. Durante este período, subsistem com os alimentos armazenados no saco vitelino.
- Ao terceiro dia, a boca está formada e os recém-nascidos começam a movimentar-se e a alimentar-se. Nesta fase, são cuidadosamente recolhidos do hapa de eclosão exterior e colocados em viveiros preparados.
- Verificou-se que as carpas maiores indianas podem ser induzidas a desovar duas vezes na mesma estação, com um intervalo de dois meses.
- Após a primeira postura, os reprodutores são alimentados com bagaço de amendoim e farelo de arroz, na proporção de 1:1, a 2,5 % do peso corporal. Quando as condições climatéricas são favoráveis, atingem a maturidade e estão prontas para a postura.

Fecundidade das carpas Major e Chinesa

Espécies	Fecundidade
Catla	2,50,000 ovos / kg de peixe
Rohu	3,00,000 ovos / kg de peixe
Mrigal	2,80,000 ovos / kg de peixe
Carpa herbívora	80.000 ovos / kg de peixe
Carpa prateada	2,00,000 ovos / kg de peixe
Carpa comum	1,20,000 ovos / kg de peixe

Método de cálculo dos ovos: Tanto o método do peso como o método volumétrico podem ser adoptados para a medição dos ovos.

Método do peso: pesar os ovos antes da absorção da água, multiplicar o peso do número de ovos por unidade de peso e calcular o total de ovos.

No método volumétrico: Mede-se o volume dos ovos antes de absorverem a água, multiplica-se pelo número de ovos por unidade de volume e calcula-se a quantidade total de ovos.

1. $$\text{Fertilization Rate (\%)} = \frac{\text{No. of fertilized eggs}}{\text{Total No. of eggs}} \times 100$$

2. $$\text{Survival Rate (\%)} = \frac{\text{No. of individuals harvested}}{\text{No. of fertilized eggs}} \times 100$$

3. $$\text{Hatching Rate (\%)} = \frac{\text{No. of hatched fry}}{\text{No. of fertilized eggs}} \times 100$$

Capítulo 4 . Determinação da fecundidade de qualquer peixe local

Objetivo: Estudar a fecundidade dos peixes.

Princípio: A medição da capacidade de postura de ovos de um peixe numa determinada estação é designada por fecundidade. A fecundidade varia consoante a espécie e até na mesma espécie. Também varia em relação ao tamanho da espécie, idade, comprimento e peso do peixe, ovário e outros factores. A fecundidade varia com diferentes medidas, tais como o comprimento total, o peso total do corpo, o comprimento do ovário e o peso total dos ovários. Assim, tendo em consideração todos os factores acima referidos, a equação foi formulada da seguinte forma

Medição do diâmetro dos óvulos:

Procedimento: Os óvulos no ovário dos peixes são classificados em quatro fases 1. Óvulos imaturos 2. Óvulos em maturação 3. Óvulos maduros 4. Óvulos gastos.

1. Óvulos imaturos: o ovário é pequeno, translúcido, diminuto, quase transparente e sem gema.

2. Óvulos em maturação: o ovário contém ovos minúsculos e outros em maturação com gema ligeiramente maior. Os grânulos grosseiros da gema estão dispersos pelo citoplasma.

3. Óvulos maduros: nesta fase vê-se uma gema maior, o ovário está completamente cheio de óvulos.

4. Óvulos gastos: durante esta fase, é provável que os ovos sejam libertados e eliminados.

Significado

O processo de medição do diâmetro dos óvulos serve de chave para estudar o estádio de maturidade dos peixes. Actua como um indicador de maturidade, época de desova e periodicidade da desova.

Material e métodos

1. Conservar os ovários em fase de maturação.

2. Uma pequena porção do ovário da região média é retirada numa lâmina e os óvulos são separados.

3. Medir o diâmetro de 200 óvulos com a ajuda de um micrómetro ocular. Durante este processo, manter constante a ampliação do microscópio.

4. Agrupar os óvulos com intervalos de tamanho.

5. Calcular a percentagem de óvulos em relação a cada grupo de tamanho.

Tabela de observação

Grupo de tamanho dos óvulos	Número de óvulos
0-5	-
0-10	-
0-20	5
0-30	12
0-40	19
0-50	5
0-60	7
0-70	20
0-80	32
0-90	17
0-100	11

Peso total do ovário= 17gm

Número de óvulos em 1 gm= 230

1gm = 230

17gm = ?

$\frac{17x230}{1} = 3910$

Fecundidade dos peixes = 3910

Interpretação dos resultados

1. Os óvulos em maturação estão ausentes ou são insignificantes. Nenhum grupo secundário de óvulos presente.

2. A gama total não é vasta.

3. Período de desova definido e curto, não prolongado nem protegido.

4. A desova é feita uma vez por ano. Não há desova múltipla.

5. Em *Cyprinus carpio* a desova ocorre duas vezes, enquanto em *Cirrhina reba* a desova ocorre uma vez por ano e termina após um longo período.

Resultado: Por conseguinte, a fecundidade do peixe em causa é de 3910 ovas/desova.

Capítulo 5. Identificação dos ovos, da semente, dos alevins e dos alevins da carpa maior indiana.

Cirrhinus mrigala

As crias de mrigal permanecem normalmente nas águas superficiais ou sub-superficiais, enquanto os juvenis e os alevins tendem a deslocar-se para águas mais profundas. Os adultos são habitantes do fundo. O seu hábito alimentar é iliófago e estenófago; os detritos e a vegetação em decomposição constituem os seus principais componentes alimentares, enquanto o fitoplâncton e o zooplâncton constituem o resto.

Ovos fertilizados: Os ovos fertilizados são obtidos após 6-8 horas e são transferidos para o tanque de incubação, com uma densidade óptima de 700 000-800 000/m^3 . A circulação da água é contínua e os ovos são mantidos até 72 horas, durante as quais os embriões se desenvolvem e se tornam recém-nascidos com cerca de 6 mm.

A cria: As ovas são pequenos peixes. Estas pequenas crias têm um pequeno saco vitelino ainda ligado a elas. São mais pequenos do que os juvenis. Depois de os ovos fertilizados eclodirem, os jovens são chamados de crias.

Alevins: Os recém-nascidos com três dias de idade são criados num sistema de viveiro durante um período de 15-20 dias até se tornarem alevins de 20-25 mm. São normalmente utilizados pequenos tanques de terra de 0,02-0,1 ha, embora em certas zonas sejam utilizados tanques revestidos de tijolo ou de cimento. A densidade populacional varia geralmente entre 3-10 milhões/ha em tanques de terra e 10-20 milhões/ha em tanques de tijolo ou de cimento.

Alevins: Os alevins provenientes do sistema de viveiro são posteriormente criados até atingirem o tamanho de alevins (80-100 mm; 5-10 g). São normalmente utilizados tanques de terra que vão de 0,05 a 0,2 ha. Embora se defenda a monocultura na fase de viveiro, no cultivo de alevins o mrigal é armazenado em cerca de 30 por cento e cultivado juntamente com outras espécies de carpa a uma densidade combinada de cerca de 200 000300 000/ha.

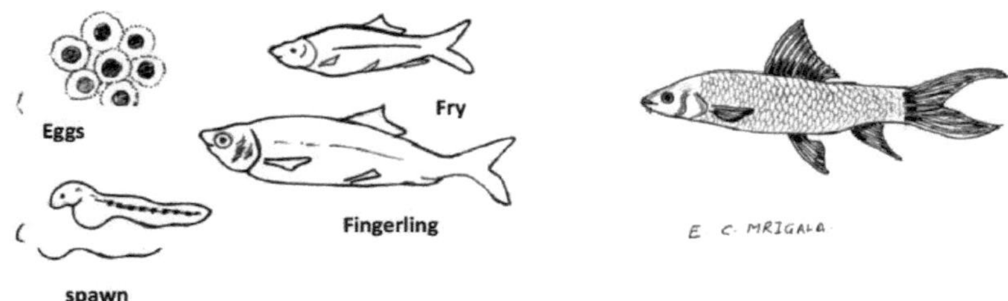

Capítulo 6. Estudo dos peixes de água doce.

Carpas principais

6.1 ***Catla catla***

A Catla, também conhecida como **carpa maior indiana**, é um peixe de água doce do Sul da Ásia, economicamente importante, da família das carpas Cyprinidae. É comummente encontrada em rios e lagos do norte da Índia, Nepal, Myanmar, Bangladesh e Paquistão.

O Catla é um peixe com cabeça grande e larga, maxilar inferior saliente e boca virada para cima. Possui escamas grandes e acinzentadas na face dorsal e esbranquiçadas no ventre.

A Catla alimenta-se à superfície e também em águas intermédias. Os adultos alimentam-se de zooplâncton, mas os jovens alimentam-se tanto de zooplâncton como de fitoplâncton.

Classificação

Filo : Chordata

Sub-Filo : Vertebrata

Classe : Actinopterygii (peixes de barbatanas raiadas)

Ordem : Cypriniformes (carpas)

Família Cyprinidae

Género : *Catla*

Espécie : *catla*

1. Corpo curto e profundo, ligeiramente comprimido lateralmente, com uma profundidade superior ao comprimento da cabeça.

2. Cabeça muito grande, com uma profundidade superior a metade do comprimento da cabeça.

3. Corpo com escamas ciclóides visivelmente grandes, cabeça desprovida de escamas.

4. Focinho arredondado sem corte; olhos grandes e visíveis na parte inferior da cabeça.

5. Boca larga e virada para cima, com maxilar inferior proeminente e móvel

6. Lábio superior ausente, lábio inferior muito espesso; sem barbelas;

7. Barbatanas peitorais longas que se prolongam até às barbatanas pélvicas; barbatana caudal bifurcada; linha lateral com 40 a 43 escamas.

8. Cor acinzentada no dorso e nos flancos, branco-prateado por baixo; barbatanas escuras

9. A sua taxa de crescimento mais elevada e a sua compatibilidade com outras carpas importantes, o seu hábito alimentar específico à superfície e a preferência dos consumidores aumentaram a sua popularidade na policultura de carpas.

10. As larvas em fase inicial começam a alimentar-se três dias após a eclosão, enquanto os seus sacos vitelinos persistem.

11. Os juvenis são planctófagos, alimentando-se principalmente de zooplâncton, como rotíferos e cladóceros.

12. Os adultos alimentam-se apenas em águas superficiais e médias; são também planctófagos, com preferência pelo zooplâncton, principalmente crustáceos, rotíferos, insectos e protozoários, bem como uma parte considerável de algas e plantas.

13. A Catla atinge a maturidade no segundo ano de vida e a desova na Índia e no Bangladesh decorre entre maio e agosto.

14. Em condições normais, o catla atinge 1-1,2 kg no primeiro ano, em comparação com 700-800 g e 600-700 g para o rohu e o mrigal, respetivamente.

6.2 *Labeo rohita*

O rohu ou **roho labeo** ***(Labeo rohita**,* Hindi - रोहू मछली , Oriya - ରୋହୀ, ,)é uma espécie de peixe da família das carpas, presente nos rios do Sul da Ásia. É um peixe omnívoro.

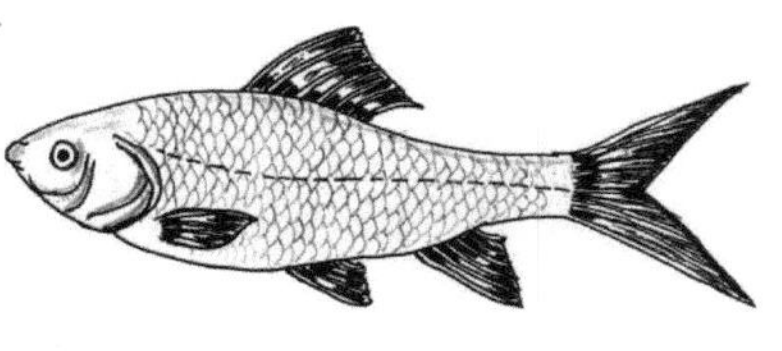

Em nepalês, chama-se *rahu*. Em hindi, chama-se *rehu (rawas* é o salmão indiano, que é bastante diferente). Chama-se *rohi* em Oriya, *rui* em Bengali, *rehu* em Maithili, *rou* em Assamês e Sylh eti, rohu propriamente dito em Malayalam, e é criado em Kerala. É popular na Tailândia, no Bangladesh, no Norte da Índia, no Paquistão e em Myanmar. Trata-se de um peixe não oleoso/branco. Durante as primeiras fases do seu ciclo de vida, alimenta-se principalmente de zooplâncton, mas, à medida que cresce, come cada vez mais fitoplâncton e, enquanto juvenil ou adulto, é um herbívoro que se alimenta em coluna, comendo principalmente fitoplâncton e vegetação submersa.

Atinge um comprimento máximo de 2 m (6,6 pés) e um peso de cerca de 110 kg (240 lb).

Classificação

Filo : Chordata

Sub-Filo : Vertebrata

Classe : Actinopterygii (peixes de barbatanas raiadas)

Ordem : Cypriniformes (carpas)

Família Cyprinidae

Género : *Labeo*

Espécie : *rohita*

- Corpo bilateralmente simétrico, moderadamente alongado, com o perfil dorsal mais arqueado do que o perfil ventral.

- Corpo com escamas ciclóides, cabeça sem escamas.
- Focinho bastante deprimido, projectando-se para além da boca, sem lobo lateral.
- Olhos em posição dorsolateral, não visíveis do exterior da cabeça.
- Boca pequena e inferior; lábios grossos e franjados com uma prega interna distinta em cada lábio.
- Sem dentes nos maxilares.
- Barbatana dorsal inserida a meio caminho entre a ponta do focinho e a base da barbatana caudal.
- Barbatanas peitoral e pélvica inseridas lateralmente; barbatana peitoral desprovida de um espinho ósseo; barbatana caudal profundamente bifurcada;
- Linha lateral distinta, completa e ao longo da linha mediana do pedúnculo caudal; escamas da linha lateral 40 a 44.
- Cor azulada no dorso, prateada nos flancos e no ventre.
- A reprodução induzida, que assegurou o fornecimento de sementes, foi o principal fator para o desenvolvimento da sua cultura em lagos e tanques de água doce.
- O seu elevado potencial de crescimento, aliado à grande preferência dos consumidores, fez com que o rohu se tornasse a espécie de água doce mais importante cultivada na Índia, no Bangladesh e noutros países adjacentes da região.
- Nas primeiras fases de vida, o rohu prefere o zooplâncton, constituído principalmente por rotíferos e cladóceros, sendo o fitoplâncton o alimento de emergência. Na fase de alevins, verifica-se uma forte seleção positiva para todos os organismos zooplanctónicos e para alguns fitoplanctontes mais pequenos, como as desmídias, os fitoflagelados e os esporos de algas. Por outro lado, os adultos apresentam uma forte seleção positiva para a maior parte do fitoplâncton.

- Nas fases juvenil e adulta, o rohu é essencialmente um herbívoro de coluna, preferindo as algas e a vegetação submersa.

- O rohu é uma espécie euritérmica e não se desenvolve a temperaturas inferiores a 14 °C. É uma espécie de crescimento rápido e atinge cerca de 35-45 cm de comprimento total e 700-800 g num ano, em condições normais de cultura. Geralmente, em policultura, a sua taxa de crescimento é superior à do mrigal, mas inferior à do catla.

- A idade mínima da primeira maturidade para ambos os sexos é de dois anos.

- A desova ocorre nas zonas pouco profundas e marginais dos rios inundados.

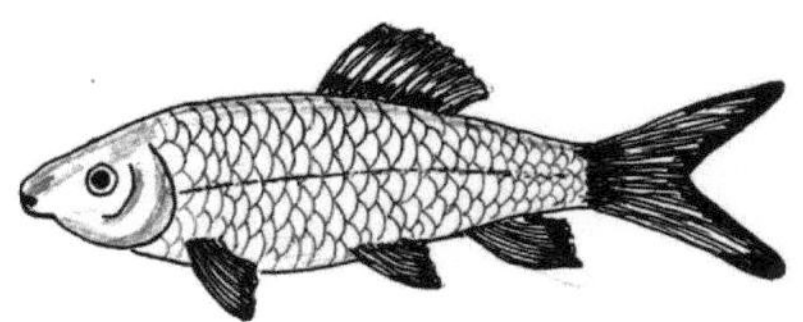

A época de desova do rohu coincide geralmente com a monção do sudoeste, que se estende de abril a setembro.

6.3 *Labeo calbasu*

Classificação

Filo : Chordata

Sub-Filo : Vertebrata

Classe : Actinopterygii (peixes de barbatanas raiadas)

Ordem : Cypriniformes (carpas)

Família Cyprinidae

Género : *Labeo*

Espécie : *calbasu*

1. **Tamanho máximo:** 90,0 cm Comprimento da cauda.

2. Potamódromo. Vive em água doce e em águas bravas.

3. É importante para o seu rápido crescimento.

4. Ocorre em rios e lagoas, em águas lentas dos rios.

5. Alimenta-se de plantas, algas filamentosas e diatomáceas.

6. A fecundidade de 2 exemplares (38,8-40,5 cm) variou entre 193.000 e 238.000.

6.4 *Cirrhinus mrigala*

Reino: Animália

Filo: Chordata

Classe: Actinopterygii

Ordem: Cypriniformes

Família: Cyprinidae

Género: *Cirrhinus*

Espécie : *mrigala*

Comentários

1. Corpo bilateralmente simétrico e aerodinâmico, com uma profundidade aproximadamente igual ao comprimento da cabeça;

2. Corpo com escamas ciclóides, cabeça sem escamas; focinho rombudo, frequentemente com poros.

3. Boca larga, transversal; lábio superior inteiro e não contínuo com o lábio inferior, lábio inferior mais indistinto.

4. Um único par de barbelas rostrais curtas.

5. Origem da barbatana dorsal mais próxima da extremidade do focinho do que da base da caudal.

6. Barbatana dorsal tão alta como o corpo, com 12 ou 13 raios ramificados; última.

7. Barbatana caudal profundamente bifurcada; barbatana anal não se prolonga até à barbatana caudal.

8. Linha lateral com 40-45 escamas.

9. Geralmente cinzento-escuro por cima, prateado por baixo; barbatana dorsal acinzentada; barbatanas peitorais, pélvicas e anais com pontas cor de laranja (especialmente na época de reprodução).

10. A taxa de crescimento inicialmente mais elevada da mrigal, associada à sua compatibilidade com outras carpas, contribuiu para o estabelecimento desta espécie como uma das principais espécies componentes da cultura em tanques.

11. As crias de mrigal permanecem normalmente nas águas superficiais ou sub-superficiais, enquanto os juvenis e os alevins tendem a deslocar-se para águas mais profundas. Os adultos são habitantes do fundo.

12. O Mrigal é euritérmico, parecendo tolerar uma temperatura mínima de 14 °C. Em cultura, esta espécie atinge normalmente 600-700 g no primeiro ano.

13. A maturidade é atingida em dois anos em cativeiro

14. O mrigal é um peixe altamente fecundo. A fecundidade aumenta com a idade e varia normalmente entre 100 000-150 000 ovos/kg de peso vivo.

Outras carpas

6.5 *Tilápia mossambica (Oreochromis mossambicus)*

Classificação:

Filo : Chordata

S . Filo : Vertebrata

Série : Peixes

Classe : Teleostomi

Ordem : Perciformes

Género : *Tilápia*

Espécie: mossambica

Comentários

- Peixe exótico, vulgarmente conhecido como chiclídeo de reprodução bucal, porque os ovos são mantidos na boca da fêmea.
- Corpo comprimido e alongado, boca terminal, escamas ciclóides.
- Linha lateral incompleta.
- Os juvenis de tilápia alimentam-se de zoo e fitoplânctons, mas os adultos são herbívoros.
- O perfil superior do corpo é côncavo. A tilápia de Moçambique nativa é comprimida lateralmente e tem um corpo profundo com barbatanas dorsais longas, cuja parte dianteira tem espinhos.
- A coloração é esverdeada ou amarelada, e pode apresentar bandas fracas. Os adultos atingem cerca de 35 centímetros de comprimento e até 1,13 quilogramas.
- O tamanho e a coloração podem variar nas populações em cativeiro e naturalizadas devido a pressões ambientais e de reprodução.
- Tem uma duração máxima de 11 anos.
- É um peixe extraordinariamente robusto e fecundo, adaptando-se facilmente às fontes de alimento disponíveis e reproduzindo-se em condições subóptimas.

- Também tolera água salobra e sobrevive a temperaturas inferiores a 50 °F (10 °C) e superiores a 100 °F (38 °C). Temperaturas de água sustentadas de 55 graus são letais para a tilápia de Moçambique.

Significado cultivável: Pode ser cultivada em qualquer ambiente e começa a reproduzir-se aos três ou quatro meses de idade. A taxa de sobrevivência é muito elevada.

6.6 *Cyprinus carpio*

Classificação:

Filo : Chordata

S. Filo : Vertebrata

Série : Peixes

Classe : Teleostomi

Ordem : Cypriniformes

Género : *Cyprinus*

Espécie: carpio

Comentários

- Conhecida vulgarmente como carpa comum.
- Corpo oblongo, moderadamente comprimido.
- Boca com lábios suaves e simples.
- Estão presentes dois pares de cartilagens.
- Barbatana dorsal longa, com o último raio ossificado e serrilhado.
- Corpo alongado e um pouco comprimido. Lábios grossos.
- Dois pares de barbilhos no ângulo da boca e outros mais curtos no lábio superior.
- Base da barbatana dorsal longa com 17-22 raios ramificados e um espinho forte e dentado à frente; contorno da barbatana dorsal côncavo anteriormente.
- Barbatana anal com 6-7 raios moles; bordo posterior do terceiro espinho das barbatanas dorsal e anal com espinhas pontiagudas. Linha lateral com 32 a 38 escamas.

- Dentes faríngeos 5:5, dentes com coroas achatadas.
- De cor variável, as carpas selvagens são verde-acastanhadas no dorso e na parte superior do corpo, passando a amarelo-dourado na parte ventral.
- As barbatanas são escuras, com uma tonalidade avermelhada na parte ventral. A carpa dourada é criada para fins ornamentais.

Significado cultural: Essencialmente um peixe de água fria, mas que se adapta a águas quentes. Atinge 1 kg de peso num ano. As baixas taxas de povoamento produzem pesos mais elevados.

6.7 Hypophthalmichthys molitrix Classificação:

Filo : Chordata

S. Filo : Vertebrata

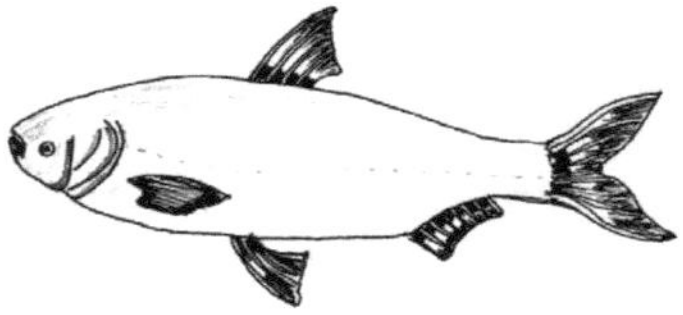

Série : Peixes

Ordem : Cypriniformes

Género : *Hypothalmichthys*

Hypothalmichthys molitrix

Espécie: molitrix

Comentários

- Conhecida vulgarmente como carpa prateada.
- Corpo oblongo comprimido lateralmente e profundo
- A cabeça é pontiaguda e grande.
- O focinho é arredondado sem corte.
- As escamas são muito pequenas.
- Barbatana dorsal ligeiramente atrás.
- Quilha ventral que se estende do istmo ao ânus.
- Olho pequeno, na face ventral da cabeça.
- Brânquias em forma de esponja. Barbatana dorsal com 8 raios;

ausência de barbatana adiposa.

- Barbatana anal com 13 a 15 raios.
- Linha lateral com 83 a 125 escamas.

Significado cultural: Peixe de água doce mas capaz de viver em água salobra. Adequado para cultivo em águas confinadas. Alimenta-se bem de farinha de feijão, farelo de arroz e farinha. Atinge 300 mm de comprimento e 900 g de peso no segundo ano.

6.8 *Ctenopharyngodon Idella*

Classificação:

Filo : Chordata

S . Filo : Vertebrata

Série : Peixes

Género : *Ctenopharngodon*

Ctenopharyngodon idella
Espécie: idella

Comentários

1. Conhecida vulgarmente como carpa herbívora.
2. Cabeça larga com focinho redondo.
3. Maxilar superior ligeiramente mais comprido do que o maxilar inferior.
4. Existe uma fila dupla de dentes.
5. Corpo alongado e cilíndrico, abdómen redondo, comprimido na parte posterior.
6. O comprimento padrão é 3,6-4,3 vezes a altura do corpo e 3,8-4,4 vezes o comprimento da cabeça.
7. O comprimento do pedúnculo caudal é maior do que a sua largura.
8. Boca terminal e em forma de arco.
9. A largura do focinho é 1,8 vezes superior ao comprimento e o

comprimento do focinho é aproximadamente a distância nasal.

10. Brânquias curtas e esparsas (15-19).

11. Duas filas de dentes da faringe de cada lado, comprimidas lateralmente, fórmula 2,5-4,2, fila interior mais forte, sulcos na superfície lateral.

12. Escamas grandes e ciclóides; 39-46 escamas extremas na linha lateral, a linha lateral estende-se até ao pedúnculo caudal.

13. Ânus próximo da barbatana anal.

14. Raio da barbatana dorsal: 3,7; raio da barbatana peitoral: 1,16; raio da barbatana ventral: 1,8; raios da barbatana anal: 3,8; barbatana caudal com cerca de 24 raios.

15. Cor do corpo: amarelo-esverdeado lateralmente, parte dorsal castanho-escura; branco-acinzentado no abdómen.

Importância cultural: Alimenta-se de árvores, ervas daninhas e plantas aquáticas. No final do primeiro ano atingem um comprimento de 120-300 mm e um peso de 500-600 gm. Podem ser criados sozinhos num tanque. Peixes resistentes.

Peixes-gato

6.9 *Mystus seenghala*

Classificação:

Filo : Chordata

S. Filo : Vertebrata

Série : Peixes

Classe : Osteichthyes

Ordem : Cypriniformes

Família : Siluridae

Género : *Mustus*

Espécie: seenghala

Comentários

1. Conhecido vulgarmente como *Singala.*

2. Focinho comprido com 4 pares de barbelas.

3. Barbatana dorsal adiposa bem desenvolvida.

4. Mancha negra na barbatana adiposa.

5. Encontrada no Sri Lanka, Índia, Birmânia e Tailândia.

Importância cultural: Cresce até atingir um tamanho grande, com cerca de um metro de comprimento. Reproduz-se em rios e lagos. Peixe resistente.

6.10 *Wallago attu*

Classificação:

Filo : Chordata

S. Filo : Vertebrata Série : Peixes

Classe : Osteichthyes

Ordem : Cypriniformes

Família : Siluridae

Género : *Wallago*

Espécie: attu

Comentários

1. Corpo alongado, fortemente comprimido

2. Conhecido como *Shivada* em marathi.

3. Boca grande e maxilares com dentes. . dentes vomerinos em duas pequenas manchas. Boca com uma fenda muito profunda, com o canto a chegar muito atrás dos olhos.

4. Cabeça grande, tronco pequeno e afunilado na extremidade.

5. Dois pares de halteres.

6. Comprimento máximo 240 cm

7. Raios moles dorsais (total): 5; raios moles anais: 77 - 97.

8. Cabeça larga, focinho deprimido.

9. Barbilhões dois pares; os barbilhões maxilares estendem-se até à margem anterior posterior da barbatana anal, os barbilhões mandibulares até ao ângulo da boca.

10. Olhos pequenos, com a margem orbital livre. Barbatana dorsal pequena, barbatana anal muito longa.

11. Barbilhão mandibular mais comprido do que a barbatana pélvica; 24-30 cristas branquiais no primeiro arco.

12. Olho na frente da vertical através do canto da boca

Cor cinzenta uniforme.

Importância cultural: Cresce até um tamanho de 1,80 metros. Pode ser cultivado com outros peixes carnívoros que respiram ar.

6.11 *Clarias batrachas*

Classificação:

Filo : Chordata

S. Filo : Vertebrata

Série : Peixes

Classe : Osteichthyes

Género : *Clarias*

Espécie: batrachus

Comentários

1. Vulgarmente conhecido como magur.

2. Corpo alongado.

3. Cabeça deprimida e boca transversal.

4. Corpo castanho escuro no dorso e amarelo pálido na parte inferior.

5. Corpo sem escamas.

6. Cabeça coberta de placas ósseas.

Importância cultural: Reproduz-se em águas confinadas e ligeiramente salobras. Atinge a maturidade sexual num ano com 20 cm de comprimento. Reprodução induzida efectuada com sucesso.

6.12 *Heteropneustes fossilis*

Classificação:

Filo : Chordata

S. Filo : Vertebrata

Série : Peixes

Classe : Osteichthyes

Género : *Heteropneustes*

Espécie: fossilis

Comentários

1. Conhecido vulgarmente como *Singhi.*
2. Os barbos são longos, estendendo-se até às barbatanas peitorais.
3. Barbatanas anal e caudal separadas por um entalhe.
4. A cor do corpo é castanha escura.
5. Encontrada na Índia, Birmânia, Tailândia e Paquistão.

Importância cultural: Pode viver tanto no rio como no pântano. Alimenta-se no fundo do mar e é omnívoro. Tentativa de reprodução induzida com sucesso. Atinge 20 cm de comprimento no primeiro ano. Adequado para policultura com outros peixes carnívoros que respiram ar.

Cleupoides

6.13 *Sardinela tawilis*

Classificação

Reino: Animália

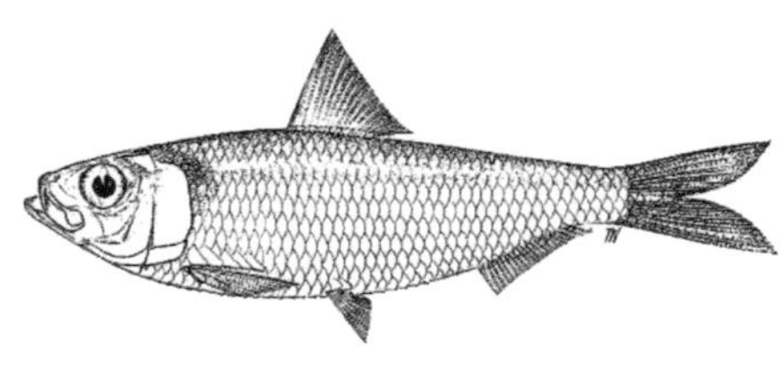

FAO

Filo: Chordata

Classe: Actinopterygii

Ordem: Clupeiformes

Família: Clupeidae

Género: *Sardinela*

Espécies: ***S. tawilis***

Comentários

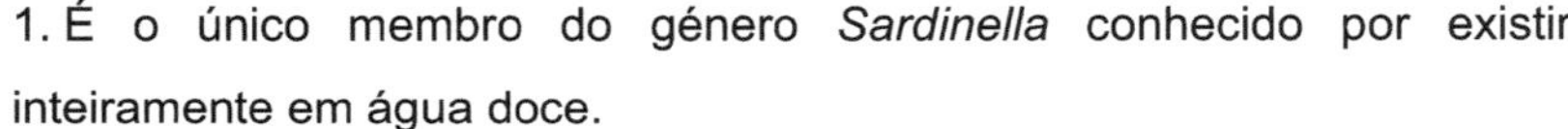

1. É o único membro do género *Sardinella* conhecido por existir inteiramente em água doce.
2. Peixes pequenos que atingem até 15 cm e pesam menos de 30 g.
3. Corpos comprimidos lateralmente, com o ventre coberto por escamas duras, semelhantes a escamas.
4. Têm uma única barbatana dorsal triangular e uma barbatana caudal bifurcada.
5. Possuem brânquias longas e finas na boca

Estudo dos peixes de água salobra

6.14 *Hilsa hilsa (Tenualosa ilisha)*

Reino: Animalia Filo: Chordata

Classe: Actinopterygii

Ordem: Clupeiformes

Família: Clupeidae

Subfamília: Alosinae

Género: Tenualosa

Espécies: ***T. ilisha***

Comentários

1. Os peixes são marinhos, de água doce, salobra, pelágicos e anádromos.

2. Pode crescer até 60 cm de comprimento e pesar até 3 kg.

3. Encontra-se em rios e estuários da Índia, Paquistão, Bangladesh, Birmânia e na região do Golfo Pérsico, onde pode ser encontrada nos rios Tigre e Eufrates, no Irão e no Iraque.

4. Não tem espinhos dorsais, mas tem 18 a 21 raios dorsais moles e raios anais moles.

5. O ventre tem 30 a 33 escamas.

6. O maxilar superior apresenta um entalhe mediano distinto.

7. As brânquias são finas e numerosas, cerca de 100 a 250 na parte inferior do arco e as barbatanas são hialinas.

8. Os peixes apresentam uma mancha escura atrás da abertura das brânquias, seguida de uma série de pequenas manchas ao longo do flanco nos juvenis.

9. Cor prateada com dourado e roxo.

10. Esta espécie alimenta-se por filtração de plâncton e por arranque de fundos lodosos.

11. Marathi चाकसी , Palva, Chaksi, Pala, Palla, पाळा, पाळा ,

6.15 *Chanos chanos (Peixe de leite)*

Reino: Animália

Filo: Chordata

Subfilo: Vertebrata

Ordem: Gonorynchiformes

Família: Chanidae

Género: *Chanos*

Espécie: *chanos*

Comentários:

1. O peixe-leite tem uma aparência geralmente simétrica e aerodinâmica, com uma barbatana caudal bifurcada de tamanho considerável.

2. Podem atingir 1,70 m de altura, mas a maior parte das vezes têm cerca de 1 m de comprimento.

3. Não têm dentes e alimentam-se geralmente de algas e invertebrados. Ocorrem no Oceano Índico e em todo o Oceano Pacífico, tendendo a formar cardumes em torno de costas e ilhas com recifes.

4. Os juvenis vivem no mar durante duas a três semanas e depois migram para mangais, estuários e, por vezes, lagos, regressando ao mar para amadurecer sexualmente e reproduzir-se.

6.16 *Latis calcarifer*

Classificação

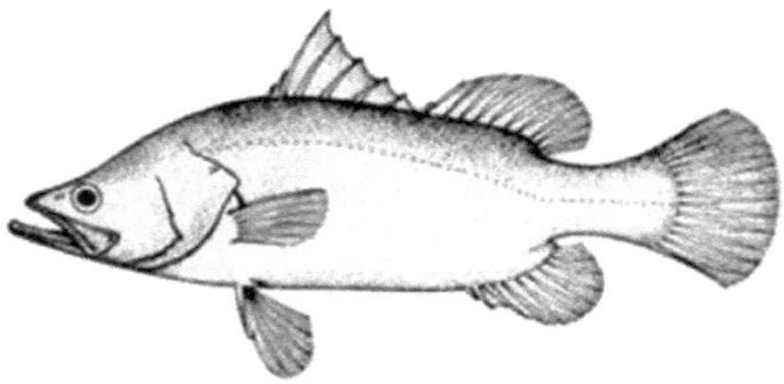

Reino: Animália

Filo: Chordata

Classe: Actinopterygii

Ordem: Perciformes

Família: Latidae

Género: *Lates*

Espécie: ***calcarifer***

1. A **perca-gigante** ou robalo asiático *(Lates calcarifer)* é uma espécie de peixe catádromo da família Latidae da ordem Perciformes.

2. A espécie está amplamente distribuída na região do Pacífico Indo-Ocidental, desde o Golfo Pérsico, passando pelo Sudeste Asiático, até à Papua-Nova Guiné e ao Norte da Austrália.

3. Na Índia, conhecido como *bhetki.*

4. Corpo alongado, com uma boca grande e ligeiramente oblíqua e um maxilar superior que se estende atrás do olho.

5. O bordo inferior do pré-opérculo é serrilhado, com um forte espinho no seu ângulo.

6. O opérculo tem um pequeno espinho e uma aba serrilhada acima da origem da linha lateral.

7. As suas escamas são ctenóides.

8. Corpo comprimido e perfil dorsal da cabeça claramente côncavo.

9. As barbatanas dorsal e ventral únicas têm espinhos e raios moles.

10. As barbatanas peitorais e pélvicas, emparelhadas, têm apenas raios moles.

11. A barbatana caudal tem raios moles e é truncada e arredondada.

12. Têm escamas grandes e prateadas, que podem tornar-se mais escuras ou mais claras, consoante o ambiente em que se encontram.

13. O seu corpo pode atingir 1,8 m de comprimento, embora sejam escassas as provas de que tenham sido capturados com este tamanho.

14. O peso máximo é de cerca de 60 kg (130 lb). O comprimento médio é de cerca de 0,6-1,2 m (2-4 pés).

6.17 *Tilapia mossambica* Classificação:

Filo : Chordata

S . Filo : Vertebrata

Série : Peixes

Classe : Teleostomi

Ordem : Perciformes

Género : *Tilápia*

Espécie: mossambica

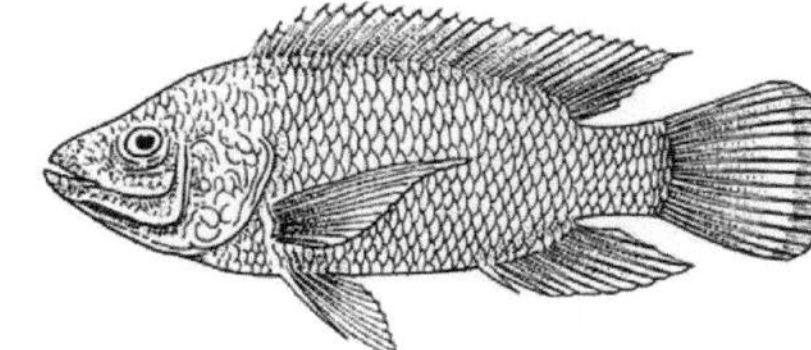

Fig. 28. *Telapia mossambica*

Comentários

1. Peixe exótico, vulgarmente conhecido como chiclídeo de reprodução bucal, porque os ovos são mantidos na boca da fêmea.

2. Corpo comprimido e alongado, boca terminal, escamas ciclóides.

3. Linha lateral incompleta.

4. Os juvenis de tilápia alimentam-se de zoo e fitoplânctons, mas os adultos são herbívoros.

5. O perfil superior do corpo é côncavo.

Significado cultivável: Pode ser cultivada em qualquer ambiente e começa a reproduzir-se aos três ou quatro meses de idade. A taxa de sobrevivência é muito elevada.

Estudo dos peixes de água salgada.

6.18 Óleo de sardinha

Classificação

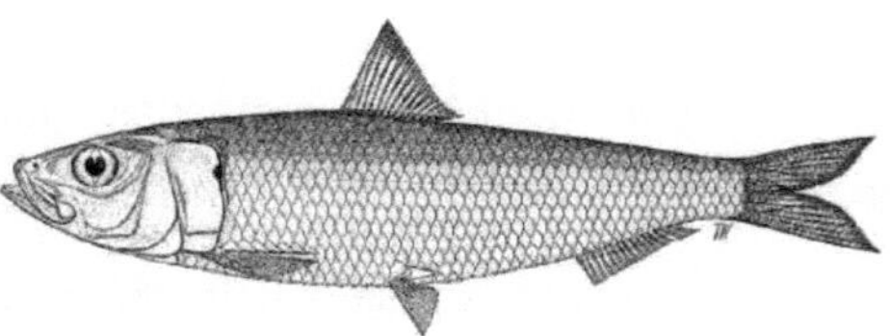

Reino: Animália

Filo: Chordata

Classe: Actinopterygii

Ordem: Clupeiformes

Família: Clupeidae

Género: Sardinela

Espécie: *longiceps*

1. *A Sardinella longiceps* é um dos dois peixes comerciais mais importantes da Índia.

2. A sardinha-da-índia é uma das espécies de Sardinella mais limitadas regionalmente e pode ser encontrada nas regiões setentrionais do Oceano Índico.

3. Estes peixes alimentam-se de fitoplâncton (diatoma), zooplâncton

(copépodes).

4. O corpo é particularmente alongado.

5. Têm um ventre ligeiramente arredondado e 8 raios na barbatana pélvica.

6. Apresentam um grande número de brânquias e uma ténue mancha dourada por detrás da abertura branquial.

7. Apresentam igualmente uma linha mediana dourada ténue, bem como uma mancha negra no bordo posterior da cobertura branquial.

8. *A Sardinella longiceps* atinge a maturidade sexual com cerca de 15 cm e cerca de um ano de idade.

9. O tempo de vida deste peixe é de aproximadamente 2,5 anos, mas é difícil de determinar porque os anéis anuais nas suas escamas podem ser formados por várias razões para além das mudanças anuais no seu ambiente.

6.19 Sarda

Rastrelliger kanagurta

Classificação

Reino: Animália

Filo: Chordata

Classe: Actinopterygii

Ordem: Perciformes

Família: Scombridae

Género: Rastrelliger

Espécie: kanagurta

Comentários:

1. A cavala é um nome comum aplicado a um certo número de espécies

diferentes de peixes pelágicos, maioritariamente, mas não exclusivamente, da família Scombridae.

2. Encontram-se em mares temperados e tropicais, vivendo maioritariamente ao longo da costa ou ao largo da costa no ambiente oceânico.

3. A **cavala** da **Índia** *(Rastrelliger kanagurta)* é uma espécie de cavala da família dos escombrídeos (família Scombridae) da ordem Perciformes.

4. É conhecida como "Bangda" em Marathi. Distribuição geográfica.

5. O corpo da cavala da Índia é moderadamente profundo e a cabeça é mais comprida do que a profundidade do corpo.

6. Os maxilares estão parcialmente ocultos, cobertos pelo osso lacrimal, mas estendem-se até à margem posterior do olho.

7. Finas faixas longitudinais escuras na parte superior do corpo, que podem ser douradas nos exemplares frescos.

s . Existe também uma mancha negra no corpo, perto da margem inferior da barbatana peitoral.

9. As barbatanas dorsais são amareladas com as pontas pretas, enquanto as barbatanas caudais e peitorais são amareladas. As restantes barbatanas são escuras.

10. A cavala da Índia atinge um comprimento máximo de garfo de 35 centímetros, mas geralmente tem cerca de 25 centímetros.

6.20 Peixe-fita *Lepturacanthus savala* (Cuvier, 1829)

Classificação

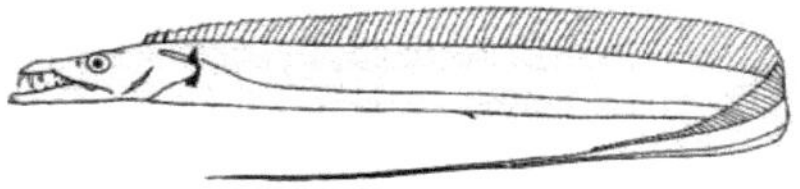

Reino: Animália

Filo: Chordata

Classe: Actinopterygii

Ordem: Lampriformes

Família: Trachipteridae

Género: *Lepturacanthus*

Espécie: *savala*

Comentários

1. Corpo extremamente alongado e fortemente comprimido, em forma de fita, afinando para um ponto (parte caudal afilada muito longa).

2. Focinho longo, cerca de 2 a 2,5 vezes o comprimento da cabeça; olho pequeno, com um diâmetro de cerca de 7 a 9 vezes o comprimento da cabeça e ligeiramente mais comprido do que o espaço suborbital.

3. Boca muito grande com um processo dérmico na ponta de cada maxilar.

4. 2 ou 3 (principalmente 3) presas com farpas e 2 pequenos dentes caninos direcionados para a frente presentes no maxilar superior, presas mais anteriores (geralmente sem farpas) presentes na ponta do maxilar inferior.

5. Margem posterior inferior da cobertura branquial côncava.

6. Barbatana dorsal única, de base longa, com III ou IV espinhos e 110 a 120 raios moles.

7. Barbatana anal reduzida a pequenos espinhos (cerca de 75) que atravessam a pele, o mais anterior bastante longo, com origem abaixo do 36° a 39° raio dorsal mole.

8. Barbatanas peitorais ligeiramente mais curtas do que o focinho, com uma espinha e 10 raios moles.

9. Barbatanas pélvica e caudal ausentes. Linha lateral mais próxima do contorno ventral do que do contorno dorsal do corpo.

10. Cor: Em espécimes frescos, corpo azul-ferrete, com reflexos metálicos, parte afilada branca; margem do ânus pálida; geralmente a margem da membrana da barbatana caudal é branca; ponta de ambas as mandíbulas preta; interior do opérculo e parte anterior da cintura

escapular, preto pálido.

Distribuição geográfica: Pacífico Indo-Ocidental: da Índia e Sri Lanka à Malásia, Singapura, Indonésia, Filipinas, Tailândia, China, Nova Guiné e norte da Austrália

6.21 Pato-bombardo

Classificação

Reino: Animália

Filo: Chordata

Classe: Actinopterygii

Ordem: Aulopiformes

Família: Synodontidae

Género: *Harpadon*

Espécies: *H. nehereus*

Comentários

1. Corpo alongado e comprimido, olhos pequenos, focinho muito curto.

2. Boca muito larga, armada com dentes delgados, recurvados e depressíveis de tamanho desigual.

3. Os dentes palatinos também são grandes e depressíveis.

4. Maxilar inferior mais comprido do que o superior.

5. Barbatana dorsal com 11 a 12 raios, seguida de uma barbatana adiposa bem visível.

6. Barbatana anal com 14-15 raios.

7. Barbatanas peitorais com 10-12 raios mais compridos do que o comprimento da cabeça.

8. Barbatanas pélvicas muito longas com 9 raios.

9. Linha lateral com 40-44 esclas, estendendo-se até ao lobo mediano pontiagudo da barbatana caudal.

10. Cor cinzenta clara uniforme; aspeto semitransparente.

11. Máximo acima de 40 cm; comum entre 10 e 25 cm.

6.22 Pomfret *Pampus argentius* (Pomfret de fita)

Reino: Animália

Filo: Chordata

Classe: Actinopterygii

Ordem: Perciformes

Família: Bramidae

Género: *Pampus*

Espécie : *argentius*

Comentários

1. Esta variedade de Pomfret é encontrada na Índia e é cientificamente conhecida como "Pampus argentus".

2. O peixe atinge a sua maturidade aos 27-28 cm.

3. O seu tamanho máximo é de cerca de 33 cm.

4. Desova de outubro a dezembro nas costas de Bombaim.

5. Os juvenis desta espécie são encontrados de janeiro a março nas zonas costeiras.

6. As variedades de sabugueiro são geralmente apanhadas entre abril e junho.

7. Forma mais ou menos romboidal

8. Um nariz rombudo

9. Uma barbatana dorsal longa e única

10. Uma barbatana caudal com lóbulos longos

11. Lóbulos caudais inferiores pontiagudos e muito alargados

12. Os adultos desta variedade são de cor branca prateada e têm pequenas escamas prateadas no corpo. No entanto, tornam-se negros quando atingem cerca de 5 a 8 centímetros de tamanho.

13. Em média, um peixe deste tipo pesa cerca de um quilograma e tem quase trinta centímetros de comprimento.

14. O maior Pomfret prateado foi encontrado com dois quilos de peso e um comprimento aproximado de quarenta centímetros. É uma criatura de alto mar e geralmente prefere viver a uma profundidade de 20-40 braças.

15. Existe na coluna do meio " mas mais perto do fundo.

6.23 Sola

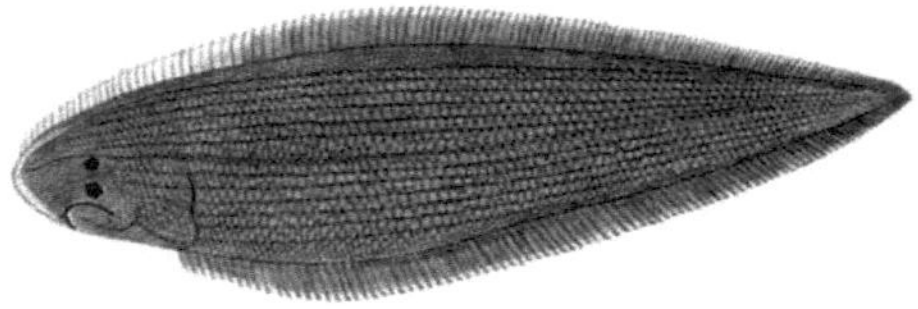

Reino: Animália

Filo: Chordata

Classe: Actinopterygii

Ordem: Pleuronectiformes

Família: Cynoglossidae

Género: Cynoglossus

Comentários

1. Espinhos dorsais (total): 0; raios dorsais moles (total): 116-130; Espinhos anais: 0; raios moles anais: 85 - 98; Vértebras: 50 - 57.

2. Lado ocular castanho uniforme, com uma mancha escura na cobertura branquial, lado cego branco.

3. Corpo alongado, com uma profundidade de 20 a 26% SL.

4. Olhos com um pequeno espaço interorbital escamoso.

5. Focinho obtusamente pontiagudo.

6. Gancho rostral curto.

7. Canto da boca posterior ou superior à parte inferior do olho, a meio

caminho entre a abertura branquial e a ponta do focinho.

8. Raios da barbatana caudal geralmente 10. Escamas da linha média lateral 56 a 70.

9. Escamas grandes, ctenóides no lado ocular do corpo.

10. Cicloide (liso) no lado cego.

11. Filas de escamas entre as linhas laterais do lado do corpo com olhos 7 a 9

6.24 Polinemo

Classificação

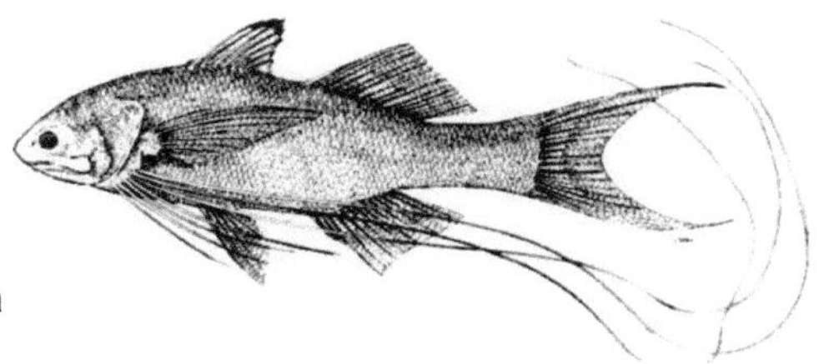

Filo : Chordata

Sub-Filo : Vertebrata

Superclasse : Gnathostomata

Classe : Actinopterygii

Ordem : Perciformes

Família : Polynemidae

Género : *Polunemus*

Espécie : *dubius*

Comentários

1. Espinhos dorsais: 9.

2. Raios dorsais moles: 14-16; Espinhos anais: 3; raios moles anais: 12; Vértebras:

25. Primeira barbatana dorsal com 8 espinhos; 7 filamentos peitorais, dois filamentos superiores mais compridos do que o comprimento total.

3. Vómer com dentes viliformes; diâmetro da órbita 3-4% do comprimento padrão; porção posterior do maxilar inferior ao diâmetro da órbita.

4. Encontrada em águas lodosas ou arenosas de rios de água doce e

estuários.

5. Entra regularmente em cursos de água doce durante a época de desova, e provavelmente noutras alturas.

6. Grande número de adultos e jovens capturados durante a estação das chuvas no rio Chao Phraya e noutros rios do sistema.

7. Alimenta-se de crustáceos, pequenos peixes e peixes bentónicos

Capítulo 7. Identificação, classificação e significado cultural

7.1 Catla catla

Classificação

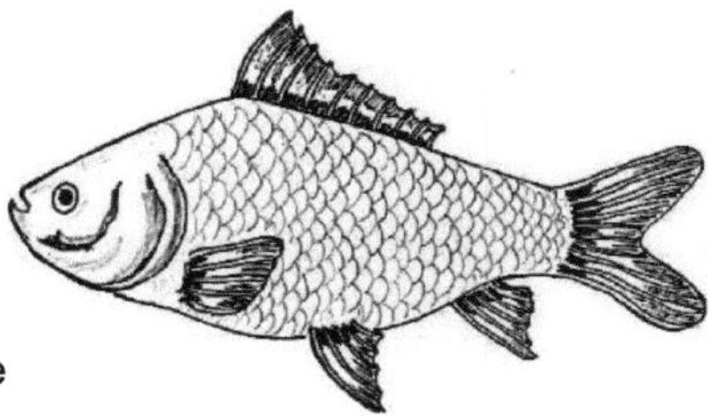

Filo : Chordata

Sub-Filo : Vertebrata

Classe : Actinopterygii (peixes de barbatanas raiadas)

Ordem : Cypriniformes (carpas)

Família Cyprinidae

Género : *Catla*

Espécie : *catla*

Comentários

1. Corpo curto e profundo, ligeiramente comprimido lateralmente, com uma profundidade superior ao comprimento da cabeça.

2. Cabeça muito grande, com uma profundidade superior a metade do comprimento da cabeça.

3. Corpo com escamas ciclóides visivelmente grandes, cabeça desprovida de escamas.

4. Focinho arredondado sem corte; olhos grandes e visíveis na parte inferior da cabeça.

5. Boca larga e virada para cima, com maxilar inferior proeminente e móvel

6. Lábio superior ausente, lábio inferior muito espesso; sem barbelas;

7. Barbatanas peitorais longas que se prolongam até às barbatanas pélvicas; barbatana caudal bifurcada; linha lateral com 40 a 43 escamas.

8. Cor acinzentada no dorso e nos flancos, branco-prateado por baixo; barbatanas escuras

9. A sua taxa de crescimento mais elevada e a sua compatibilidade com outras carpas importantes, o seu hábito alimentar específico à superfície e a preferência dos consumidores aumentaram a sua popularidade na policultura de carpas.

10. As larvas em fase inicial começam a alimentar-se três dias após a eclosão, enquanto os seus sacos vitelinos persistem.

11. Os alevins são planctófagos, alimentando-se principalmente de zooplâncton, como rotíferos e cladóceros.

12. Os adultos alimentam-se apenas em águas superficiais e médias; são também planctófagos, com preferência pelo zooplâncton, principalmente crustáceos, rotíferos, insectos e protozoários, bem como uma parte considerável de algas e plantas.

13. A Catla atinge a maturidade no segundo ano de vida e a desova na Índia e no Bangladesh decorre entre maio e agosto.

14. Em condições normais, o catla atinge 1-1,2 kg no primeiro ano, em comparação com 700-800 g e 600-700 g para o rohu e o mrigal, respetivamente.

7.2 Labeo rohita

Classificação

Filo : Chordata

Sub-Filo : Vertebrata

Classe : Actinopterygii (peixes de barbatanas raiadas)

Ordem : Cypriniformes (carpas)

Família Cyprinidae

Género : *Labeo*

Espécie : *rohita*

Comentários

1. Corpo bilateralmente simétrico, moderadamente alongado, com o perfil dorsal mais arqueado do que o perfil ventral.

2. Corpo com escamas ciclóides, cabeça sem escamas.

3. Focinho bastante deprimido, projectando-se para além da boca, sem lobo lateral.

4. Olhos em posição dorsolateral, não visíveis do exterior da cabeça.

5. Boca pequena e inferior; lábios grossos e franjados com uma prega interna distinta em cada lábio.

6. Sem dentes nos maxilares.

7. Barbatana dorsal inserida a meio caminho entre a ponta do focinho e a base da barbatana caudal.

8. Barbatanas peitoral e pélvica inseridas lateralmente; barbatana peitoral desprovida de um espinho ósseo; barbatana caudal profundamente bifurcada;

9. Linha lateral distinta, completa e ao longo da linha mediana do pedúnculo caudal; escamas da linha lateral 40 a 44.

10. Cor azulada no dorso, prateada nos flancos e no ventre.

11. A reprodução induzida, que assegurou o fornecimento de sementes, foi o principal fator para o desenvolvimento da sua cultura em lagos e tanques de água doce.

12. O seu elevado potencial de crescimento, aliado à grande preferência dos consumidores, fez com que o rohu se tornasse a espécie de água doce mais importante cultivada na Índia, no Bangladesh e noutros países adjacentes da região.

13. Nas primeiras fases de vida, o rohu prefere o zooplâncton, constituído principalmente por rotíferos e cladóceros, sendo o fitoplâncton o alimento de emergência. Na fase de alevins, verifica-se uma forte seleção positiva para todos os organismos zooplanctónicos e para alguns fitoplanctontes mais pequenos, como as desmídias, os fitoflagelados e os esporos de algas. Por outro lado, os adultos apresentam uma forte seleção positiva para a maior parte do fitoplâncton.

14. Nas fases juvenil e adulta, o rohu é essencialmente um herbívoro de coluna, preferindo as algas e a vegetação submersa.

15. O rohu é uma espécie euritérmica e não se desenvolve a temperaturas inferiores a 14 °C. É uma espécie de crescimento rápido e atinge cerca de 35-45 cm de comprimento total e 700-800 g num ano em condições normais de cultura.

16. De um modo geral, em policultura, a sua taxa de crescimento é superior à da mrigal mas inferior à da catla.

17. A idade mínima da primeira maturidade para ambos os sexos é de dois anos.

18. A desova ocorre nas zonas pouco profundas e marginais dos rios inundados. A época de desova do rohu coincide geralmente com a monção do sudoeste, que se estende de abril a setembro.

7.3. Cirrhinus mrigala

Reino: Animália

Filo: Chordata

Classe: Actinopterygii

Ordem: Cypriniformes

Família: Cyprinidae

Género: *Cirrhinus*

Espécie : *mrigala*

Comentários

1. Corpo bilateralmente simétrico e aerodinâmico, com uma profundidade aproximadamente igual ao comprimento da cabeça;

2. Corpo com escamas ciclóides, cabeça sem escamas; focinho rombudo, frequentemente com poros.

3. Boca larga, transversal; lábio superior inteiro e não contínuo com o lábio inferior, lábio inferior mais indistinto.

4. Um único par de barbelas rostrais curtas.

5. Origem da barbatana dorsal mais próxima da extremidade do focinho do que da base da caudal.

6. Barbatana dorsal tão alta como o corpo, com 12 ou 13 raios ramificados; última.

7. Barbatana caudal profundamente bifurcada; barbatana anal não se prolonga até à barbatana caudal.

8. Linha lateral com 40-45 escamas.

9. Geralmente cinzento-escuro por cima, prateado por baixo; barbatana dorsal acinzentada; barbatanas peitorais, pélvicas e anais com pontas cor de laranja (especialmente na época de reprodução).

10. A taxa de crescimento inicialmente mais elevada da mrigal, associada à sua compatibilidade com outras carpas, contribuiu para o estabelecimento desta espécie como uma das principais espécies componentes da cultura em tanques.

11. As crias de mrigal permanecem normalmente nas águas superficiais ou sub-superficiais, enquanto os juvenis e os alevins tendem a deslocar-se para águas mais profundas. Os adultos são habitantes do fundo.

12. O Mrigal é euritérmico, parecendo tolerar uma temperatura mínima de 14 °C. Em cultura, esta espécie atinge normalmente 600-700 g no primeiro ano.

13. A maturidade é atingida em dois anos em cativeiro

14. O Mrigal é um peixe altamente fecundo. A fecundidade aumenta com a idade e varia normalmente entre 100 000-150 000 ovos/kg de peso vivo.

7.4 Mystus seenghala

Classificação:

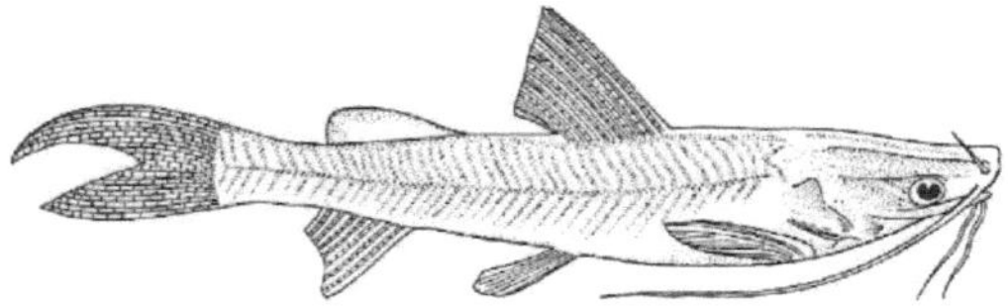

Filo : Chordata

S. Filo : Vertebrata

Série : Peixes

Classe : Osteichthyes

Ordem : Cypriniformes

Família : Siluridae

Género : *Mustus*

Espécie: seenghala

Comentários

1. Conhecido vulgarmente como *Singala.*

2. Focinho comprido com 4 pares de barbelas.

3. Barbatana dorsal adiposa bem desenvolvida.

4. Mancha negra na barbatana adiposa.

5. Encontrada no Sri Lanka, Índia, Birmânia e Tailândia.

Importância cultural: Cresce até atingir um tamanho grande, com cerca de um metro de comprimento. Reproduz-se em rios e lagos. Peixe resistente.

7.5 Wallago attu Classificação:

Filo : Chordata

S. Filo : Vertebrata

Série : Peixes

Classe : Osteichthyes

Ordem : Cypriniformes

Família : Siluridae

Género : *Wallago*

Espécie: attu

Comentários

1. Conhecido como *Shivada* em marathi.

2. Boca grande e maxilares com dentes.

3. Corpo comprimido lateralmente.

4. Cabeça grande, tronco pequeno e afunilado na extremidade.

5. Dois pares de halteres.

6. Cor cinzenta uniforme.

Importância cultural: Cresce até um tamanho de 1,80 metros. Pode ser cultivado com outros peixes carnívoros que respiram ar.

7.6 Clarias batrachas

Classificação

Filo : Chordata

S. Filo : Vertebrata

Série : Peixes

Classe : Osteichthyes

Género : *Clarias*

Clarias batrachus

Espécie: batrachus

Comentários

1. Vulgarmente conhecido como magur.

2. Corpo alongado.

3. Cabeça deprimida e boca transversal.

4. Corpo castanho escuro no dorso e amarelo pálido na parte inferior.

5. Corpo sem escamas.

6. Cabeça coberta por placas ósseas.

Importância cultural: Reproduz-se em águas confinadas e ligeiramente salobras. Atinge a maturidade sexual num ano com 20 cm de comprimento. Reprodução induzida efectuada com sucesso.

7.7 Heteropneustes fossilis

Classificação:

Filo : Chordata

S. Filo : Vertebrata

Série : Peixes

Classe : Osteichthyes

Género : *Heteropneustes*

Espécie: fossilis

Heteroponeustes fossilis

Comentários

1. Conhecido vulgarmente como *Singhi.*
2. Os barbos são longos, estendendo-se até às barbatanas peitorais.
3. Barbatanas anal e caudal separadas por um entalhe.
4. A cor do corpo é castanha escura.
5. Encontrada na Índia, Birmânia, Tailândia e Paquistão.

Importância cultural: Pode viver tanto no rio como no pântano. Alimenta-se no fundo do mar e é omnívoro. Tentativa de reprodução induzida com sucesso. Atinge 20 cm de comprimento no primeiro ano. Adequado para policultura com outros peixes carnívoros que respiram ar.

Capítulo 8. Conceção e construção de aquários domésticos

Os peixes não são apenas companheiros bonitos e serenos, mas criar e manter a sua própria cidade de peixes pode ser uma atividade agradável e criativa. Pense nisso - quando é que teria a oportunidade de criar e manter um mundo inteiro vivo e que respira!

Como manter os peixes no aquário

Peso dos aquários.

Primeiro, decida onde quer colocar o seu aquário. A água pesa cerca de 8,3 libras por galão. Um aquário de 30 galões completamente montado, incluindo areão, decorações e água, pode pesar até 250 libras. Quanto maior for o aquário, mais peso terá de suportar.

O fator peso faz com que seja muito importante pensar bem não só onde colocar o aquário, mas também em que local. Normalmente, os aquários devem ser mantidos com um suporte de parede e um teto largo por baixo, em vez de serem colocados no meio da divisão. Também se deve evitar colocar o aquário demasiado perto de uma janela ou de uma fonte de calor. Colocar um aquário demasiado perto de uma janela solarenga pode encorajar o crescimento de algas indesejáveis e alterar a temperatura de todo o aquário. O mesmo se aplica a sistemas de aquecimento demasiado próximos. Não é aconselhável colocar o aquário demasiado perto do radiador antiquado do seu apartamento de antes da guerra.

Filtros e aquecedores

Os filtros, aquecedores e luzes requerem eletricidade, o que significa que o seu aquário tem de estar perto de uma tomada. "É da maior importância que o serviço elétrico esteja localizado suficientemente perto do reservatório para que as extensões não sejam utilizadas. Se tiver de utilizar uma extensão, certifique-se de que está protegida contra falhas de ligação à terra. Também é importante prever um circuito de gotejamento para que, na eventualidade de a água pingar por um fio, caia no chão e não na tomada eléctrica."

Não utilize filtros antiquados. Os filtros mais recentes utilizam cartuchos que podem ser deitados fora quando ficam sujos, o que torna a sua manutenção muito mais fácil

Suporte para aquário

Assim que tiver um local, comece a pensar num suporte para o aquário. Escolha a qualidade e a durabilidade do suporte para aquário. Não economize nesta base importante e fique longe de suportes de aglomerado e de tipo TV. Estes tipos de suportes expandem-se e enfraquecem quando se molham.

Condições da água

O tipo de iluminação necessária depende se vai ou não acrescentar plantas vivas ao aquário. Se se limitar a plantas de plástico, uma simples lâmpada fluorescente de fita deve ser suficiente. As plantas vivas requerem uma luminária fluorescente dupla. Para um crescimento ainda melhor das plantas, uma lâmpada fluorescente compacta de alto rendimento ou potência.

Agora o cascalho e as pedras para o fundo

Já tem os fundamentos no sítio. Agora é que a verdadeira diversão pode começar!

Em primeiro lugar, comece pela gravilha com cores de pedra natural, mas existem inúmeras variedades no mercado. O vidro e o mármore, contudo, não são as melhores escolhas de areão. Os peixes que vivem no fundo podem ficar com as barbatanas rasgadas no areão de vidro e os mármores podem prender a sujidade e fazer com que a qualidade da água desça rapidamente. Qualquer que seja o areão que escolher, enxagúe-o bem e deite-o seco no fundo de um aquário limpo e seco até encher cerca de 2-3 polegadas de profundidade. Geralmente, deve utilizar 1 a 1 1/2 libras de areão por cada 5 galões de aquário.

Assim que o areão estiver no lugar, adicione quaisquer pedras, troncos ou outras decorações. Tente colocar estes materiais de modo a que não só criem um cenário agradável à vista, mas que também proporcionem esconderijos para os peixes. Certifique-se de que os materiais que utiliza são seguros para o aquário.

Colocar água no depósito

É preciso decidir como deitar água no aquário a partir do tanque de água. Não há nada mais difícil do que ter de arrastar baldes de água do tanque para o lava-loiça e vice-versa. O aquário deve estar mais perto do lava-loiça.

Encher o aquário aproximadamente até meio com água da torneira condicionada. Esta água deve estar a uma temperatura adequada e deve ser desclorada, quer através da utilização de um condicionador de água viscosa, quer deixando a água a repousar, arejada, durante a noite.

Quando o aquário estiver completamente cheio, pode acrescentar plantas, vivas ou artificiais. As plantas devem ser colocadas de forma a complementar outras decorações e para dar um toque final à paisagem do aquário. Assim que as plantas estiverem no sítio, adicione cuidadosamente o resto da água para não arrancar as plantas. Se utilizar plantas vivas, tenha em atenção que muitas espécies de barbos comem vegetação aquática. Seria sensato certificar-se de que as espécies que está a considerar não se enquadram nessa categoria. As plantas vivas a não utilizar incluem a ruga roxa, a língua-de-dragão e o pinheiro subaquático, por vezes chamado de feto-da-madeira.

Colocação da tampa do aquário

Nesta altura, convém instalar o filtro elétrico exterior ou o filtro de latas, bem como um termómetro. Uma vez colocados os filtros, coloque a tampa no aquário. Existem três estilos à escolha: uma cobertura de vidro, uma cobertura de metal ou uma cobertura completa. A cobertura de vidro é isso mesmo: duas peças de vidro unidas por uma dobradiça que cobrem todo o aquário. A cobertura metálica é igual à de vidro. Terá de adicionar a sua própria iluminação se optar por esta via, o que é benéfico se estiver a utilizar plantas vivas, uma vez que pode adicionar mais do que uma tira de luz. Uma cobertura completa, por outro lado, é uma peça única de plástico moldado. Sobre as coberturas de vidro e de metal, são fixados azulejos castanhos para atrair as plantas. Por baixo da cobertura, encontra-se um suporte para uma lâmpada ou um tubo. O tubo de luz é geralmente utilizado para a luz branca. O fio não deve ser cortado porque os peixes têm tendência para saltar.

Quando tudo estiver no sítio, ligue os aquecedores, o filtro e a luz. Deixe o sistema funcionar durante 24 horas, após o que deverá verificar a temperatura para garantir que o aquecedor está a funcionar corretamente. Se tudo estiver a funcionar bem, pode então considerar adicionar alguns peixes. O seu aquário recentemente instalado pode estar turvo nos primeiros dias, ou mesmo numa semana. Isto é normal e não é motivo de preocupação. Esta turvação desaparecerá por si própria à medida que o filtro começar a fazer o seu trabalho.

Peixes a acrescentar

Um ou dois peixes de tamanho pequeno a médio por cada 10 galões devem ser usados geralmente. Isto permitirá que o aquário se estabeleça biologicamente sem demasiados picos de amónia/nitritos que podem ser stressantes ou fatais para os peixes. Uma vez adicionados os peixes, monitorizar periodicamente a qualidade da água, tomando as medidas corretivas que forem necessárias. Não adicionar mais peixes até que o ciclo biológico tenha terminado, geralmente três a quatro semanas.

Manutenção

As plantas de plástico são mais fáceis de manter do que as plantas vivas, e não se pode simplesmente colocar qualquer planta velha no aquário. "Se se parece com uma planta de casa, provavelmente é", diz Greco. Fique com as plantas artificiais seguras e especialmente fabricadas, se puder. Uma boa regra de ouro: não as coloque se não souber de que são feitas.

Ao decorar o aquário, dê aos peixes alguns sítios onde se possam esconder. Peixes

Quando o aquário estiver cheio de água, mas antes de colocar qualquer peixe lá dentro, adicione uma colher de chá de sal de aquário ou sal kosher por cada litro de água para ajudar os peixes a resistir às doenças.

Boas opções de "peixes iniciais" são os peixes-espada, platys, zebra danios, barbos anões e pequenos tetras. Peixes dourados e peixes tropicais não devem ser misturados. Peixes-gato ou outros comedores de algas (aquele grande peixe "sugador" que se vê preso no interior do aquário em muitas lojas de animais é um comedor de algas chamado Plecostomus) devem ser guardados para mais tarde, quando a vida do aquário estiver estabelecida.

Ao escolher um peixe, procure nadadores atentos e com boa cor. Os sinais de possível doença incluem arranhões no fundo, manchas brancas ou agitação num canto do aquário. Não deve haver peixes doentes ou mortos no aquário.

Na maior parte das vezes, o peixe é trazido para casa num saco de plástico com alguma da água do aquário onde foi comprado. Quando estiver em casa, abra a parte de cima do saco, dobre-o como um punho e deixe-o flutuar em cima do aquário durante cinco ou dez minutos. Use uma rede para colocar o peixe no aquário e deite fora a água do saco. (Se comprou o peixe fora da área imediata, não há problema em adicionar um pouco da sua água nativa ao aquário, mas deite fora o resto).

Alimente os seus peixes duas ou três vezes por dia, apenas a quantidade que eles conseguem comer num minuto. A comida em flocos é a sua melhor aposta, com guloseimas ocasionais.

Lembra-se daquela velha piada sobre se os peixes dormem? Tal como você, eles têm um horário regular de 24 horas por dia. Em vez de os manter às escuras durante todo o dia e depois acender a luz do aquário quando chega a casa, tente programar um temporizador para que a luz se acenda algumas horas antes de chegar a casa e se apague na altura em que se vai deitar.

Capítulo 9. Peixes de aquário

9.1 Black Moor (peixe dourado da charneca negra)

Nome popular: Mouro Negro - Peónia Negra - Cauda de Dragão Negro - Telescópio

Peixe dourado -Popeye Goldfish

Reino: Animália

Filo: Chordata

Classe: Actinopterygii

Ordem: Cypriniformes

Família: Cyprinidae

Género : *Carassius*

Espécie : *auratus*

Tamanho do peixe - polegadas: 4.0 polegadas (10.16 cm)

Tamanho mínimo do tanque: 10 gal (38 L)

Temperamento: Tranquilo

Resistência do aquário: Muito resistente

Temperatura: 65,0 a 72,0° F (18,3 a 22,2° C)

Nível de experiência do aquarista: Iniciante

O peixe dourado Black Moor é uma variedade de peixe dourado em forma de ovo. O corpo é curto e atarracado e a cabeça tem grandes olhos bulbosos que sobressaem dos lados. Tem escamas metálicas que lhe conferem uma cor preta profunda e aveludada e tem uma barbatana longa e fluida.

O peixe dourado Black Moor atinge geralmente cerca de 10 cm (4 polegadas), embora alguns aquariofilistas relatem que os seus Black Moors atingem uns impressionantes 25 cm (10 polegadas)! A duração média de vida do peixe dourado é de 10 a 15 anos, embora não seja invulgar viver 20 anos ou mais em aquários e lagos bem mantidos.

A maioria dos mouros negros permanece preta, mas a sua cor pode mudar com a idade, variando entre o cinzento e o preto, ou pode reverter para um laranja metálico quando mantidos em águas mais quentes. Os juvenis são de um bronze escuro e não têm os olhos salientes, mas à medida que amadurecem tornam-se pretos e os seus olhos começam a telescopar. Embora outrora estivessem disponíveis com uma bela cauda em forma de véu, as variedades disponíveis atualmente têm uma cauda larga, uma cauda em forma de fita ou uma cauda em forma de borboleta. .

Tamanho do peixe - polegadas: 4,0 polegadas (10,16 cm) - O tamanho médio é de 4" (10,16 cm), mas há relatos de que podem atingir 10" (25 cm).

Tempo de vida: 15 anos - O tempo de vida médio dos peixes dourados é de 10 a 15 anos, mas sabe-se que podem viver 20 anos ou mais se forem bem mantidos.

Alimentos e alimentação

Como é omnívoro, o peixe dourado Black Moor come geralmente todo o tipo de alimentos frescos, congelados e em flocos. Para manter um bom equilíbrio, dê-lhes diariamente um alimento em flocos de alta qualidade. Alimente-os com artémia (viva ou congelada), vermes sanguíneos, dáfnias ou vermes tubifex como petisco. Normalmente é melhor alimentar com alimentos liofilizados do que com alimentos vivos para evitar parasitas e infecções bacterianas que podem estar presentes nos alimentos vivos. Devido aos olhos salientes, têm uma visão deficiente e mais dificuldade em ver a comida, pelo que precisam de mais tempo para se alimentarem.

Tipo de dieta: Omnívoro

Alimentos em flocos: Sim

Comprimidos em pellets: Sim

Alimentos vivos (peixes, camarões, vermes): Parte da dieta

Alimentos vegetais: parte da dieta

Alimentos à base de carne: parte da dieta

Frequência de alimentação: Vários alimentos por dia - Este peixe tem uma visão fraca e é um pouco lento, por isso o aquariofilista precisa de ter a certeza que o seu peixe dourado Black Moor não está a competir pela comida durante a hora da alimentação.

Cuidados com o aquário

Recomenda-se vivamente que se efectuem mudanças de água semanais regulares de 1/4 a 1/3 para manter estes peixes saudáveis. Os caracóis podem ser adicionados porque reduzem as algas no aquário, ajudando a mantê-lo limpo.

Mudanças de água: Semanalmente - Os peixes dourados produzem mais resíduos do que a maioria dos outros peixes de água doce e beneficiam muito com mudanças de água mais frequentes.

Configuração do aquário

Montar um aquário de peixes dourados de forma a manter os seus peixes felizes e saudáveis é o primeiro passo para o sucesso. A forma e o tamanho do aquário são importantes e dependem do número de peixes dourados que se pretende manter. Estes peixes precisam de muito oxigénio e produzem muitos resíduos. Uma boa filtragem, especialmente a filtragem biológica, é muito útil para manter a qualidade da água do aquário. Os sistemas de filtragem removem grande parte dos detritos, excesso de comida e resíduos. Isto, por sua vez, ajuda a manter o aquário limpo e a manter a saúde geral do peixe dourado.

Parâmetros do aquário a ter em conta na escolha de um aquário para peixes vermelhos:

Tamanho do depósito

Dez galões é o mínimo absoluto necessário para alojar um Black Moor. É melhor começar com um aquário de 20 a 30 galões para o seu primeiro peixe dourado e depois aumentar o tamanho do aquário em 10 galões por cada peixe dourado adicional. Fornecer uma grande quantidade de água por peixe ajudará a diluir a quantidade de dejectos e reduzirá o número de mudanças de água necessárias.

Forma do tanque

Forneça sempre o máximo de área de superfície. Uma grande área de superfície de água ajudará a minimizar o sofrimento do peixe dourado devido a uma falta de oxigénio. A área de superfície é determinada pela forma do aquário. Por exemplo, um aquário alongado oferece mais área de superfície (e oxigénio) do que um aquário alto. Num aquário oval ou redondo, o meio oferece mais área de superfície do que enchê-lo até ao topo.

Número de peixes

Para os juvenis, a regra geral é de 2,54 cm de peixe por 1 galão de água. Mas esta regra só se aplica a peixes jovens e não é adequada à medida que crescem. Os peixes dourados maiores consomem muito mais oxigénio do que os peixes jovens, pelo que manter esta fórmula para os peixes em crescimento irá prejudicá-los e pode contribuir para doenças e mesmo para a morte.

Tamanho e crescimento dos peixes

Para permitir um crescimento adequado, compre menos peixes do que o número máximo ou prepare-se para adquirir um aquário maior. Para evitar um crescimento atrofiado e outros problemas de saúde, não encha demasiado o aquário.

O peixe dourado é um peixe de água fria e dá-se melhor a temperaturas entre os 18 e os 22 graus centígrados. O peixe dourado Black Moor é uma das variedades mais resistentes de peixes dourados e pode tolerar temperaturas alguns graus acima de zero, desde que o arrefecimento caia apenas alguns graus por dia. Uma descida rápida da temperatura pode matá-los, por isso, se viver num clima muito frio, é aconselhável ter um aquecedor.

Coloque um substrato de areão para ajudar a criar um ambiente natural e confortável para os seus peixes. Pode acrescentar alguma decoração, mas não se esqueça que os olhos do mouro-preto são uma desvantagem. Estes peixes têm uma visão muito fraca, por isso certifique-se de que toda a ornamentação é lisa, sem pontas salientes ou arestas afiadas. Pedras lisas ou troncos devem ser usados com moderação, se for o caso. As plantas de aquário seriam a melhor escolha de decoração de aquário para peixes vermelhos, mas infelizmente estes peixes são escavadores. Consequentemente, as plantas vivas podem ser arrancadas pela raiz. As plantas artificiais são um bom substituto e as plantas de seda são mais seguras do que as de plástico.

A maioria dos aquários vem com uma cobertura que inclui iluminação. Uma cobertura para o aquário é desejável, pois reduz a evaporação e, embora não sejam propensos a saltar, ocasionalmente alguns peixes dourados saltam. A iluminação não é essencial para os peixes dourados em geral, mas pode ajudar o Black Moor, uma vez que estes peixes têm uma visão muito fraca. Também torna o aquário numa bela peça de exibição e é necessária se tiver plantas vivas.

Os peixes dourados são peixes de água doce, mas têm alguma tolerância a água ligeiramente salobra. O nível de salinidade para o C. *auratus* deve ser mantido baixo, abaixo de 10% com uma gravidade específica inferior a 1,002.

Tamanho mínimo do aquário: 38 litros - Dez galões é o mínimo absoluto necessário para alojar este peixe. Tem grandes necessidades de oxigénio e produz muitos resíduos. Terá um crescimento muito atrofiado se for mantido num aquário mais pequeno.

Adequado para aquário nano: Sim - Um aquário nano é bom desde que tenha 10 galões ou mais.

Tipo de substrato: Qualquer um - Um areão de tamanho médio funciona melhor.

Necessidades de iluminação: Alta - Iluminação forte - Uma iluminação forte ajudará este peixe a tirar o melhor partido da pouca visão que tem.

Temperatura: 18,3 a 22,2° C (65,0 a 72,0° F) - Este peixe tolera temperaturas muito mais frias, embora esta pareça ser a gama óptima para a atividade e longevidade do peixe dourado.

Gama ph: 6.0-8.0

Gama de dureza: 5 - 19 dGH

Salobra: Por vezes - A salinidade para o C. auratus deve ser mantida abaixo de 10%, uma gravidade específica inferior a 1,002.

Movimento da água: Moderado

Região aquática: Todas - Estes peixes nadam em todas as zonas do aquário.

9.2 Cyprinus carpio

Cobertura geográfica

A carpa comum é originária da Europa, mas foi amplamente introduzida e encontra-se atualmente em todo o mundo, exceto nos pólos e no norte da Ásia. (Froese e Pauly, 2002; Nelson, 1984)

Habitat

As carpas exploram grandes e pequenos reservatórios naturais e artificiais, bem como charcos em cursos de água lentos ou rápidos. Preferem massas de água maiores e de movimento mais lento, com sedimentos macios, mas são peixes tolerantes e resistentes que se desenvolvem numa grande variedade de habitats aquáticos. (Froese e Pauly, 2002; Page e Burr, 1991)

Regiões de Habitat

temperado, tropical, água doce, biomas aquáticos, lagos e lagoas bentónicos rios e ribeiros, zonas húmidas pântanos

Descrição física

As carpas atingem frequentemente 30 a 60 cm de comprimento e pesam 0,5 a 4 kg (Tomelleri e Eberle 1990); não é raro que a carpa comum atinja 15 a 20 kg (McCrimmon 1968). Os machos distinguem-se geralmente das fêmeas pela barbatana ventral maior. As carpas são caracterizadas pelo seu corpo profundo e espinha dorsal serrilhada (Nelson 1984). A boca é terminal no adulto e subterminal nos juvenis (Page e Burr 1991). A cor e as proporções são extremamente variáveis, mas as escamas são sempre grandes e grossas. São reconhecidas três subespécies com padrões de escamas ligeiramente diferentes. *C. carpio communis* (carpa escama) tem escamas concêntricas regulares, *C. carpio specularis* (carpa espelho) escamas grandes que correm ao longo do lado do corpo em várias filas, com o resto do corpo nu, e *C. carpio coiaceus* (carpa couro) com poucas ou nenhumas escamas no dorso e uma pele espessa (McCrimmon 1968). (McCrimmon, 1968; Nelson, 1984; Page e Burr, 1991; Tomelleri e Eberle, 1990)

Outras caraterísticas físicas

Ectotérmica, heterotérmica, simetria bilateral, Dimorfismo sexual, sexos iguais, Massa média 20 (alta) kg 44,05 (alta) lb Massa média 0,5-4 kglb, Comprimento médio 30-60 cm.

Reprodução

As carpas desovam geralmente na primavera e no início do verão, consoante o clima. Separam-se em grupos nos baixios para desovar. A carpa prefere águas pouco profundas com uma densa cobertura de macrófitas. Os machos fertilizam externamente os ovos, que as fêmeas espalham sobre as macrófitas de uma forma muito ativa. Os ovos aderem ao substrato sobre o qual são espalhados. Uma fêmea típica (cerca de 45 cm) pode produzir 300 000 ovos, com algumas estimativas que chegam a atingir um milhão durante a época de reprodução. A incubação está relacionada com a temperatura da água e foi documentada em três dias a temperaturas de 25 a 32°C. O comprimento total dos juvenis é, em média, de 5 a 5,5 mm. A temperatura, a densidade de povoamento e a disponibilidade de alimentos influenciam o crescimento individual. Quando os peixes atingem 8 mm, a gema já desapareceu e começam a alimentar-se ativamente. Os machos tornam-se sexualmente maduros aos 3 a 5 anos e as fêmeas aos 4 a 5 anos. (Froese e Pauly, 2002; McCrimmon, 1968)

ovíparos, Época de reprodução, primavera e início do verão; todo o ano em zonas tropicais, Número médio de descendentes - 300000, Número médio de descendentes - 300000, Tempo médio até à eclosão - 4,0 (elevado) dias, Idade média de maturidade sexual ou reprodutiva (fêmea) - 3,0 a 5,0 anos, Idade média de maturidade sexual ou reprodutiva (macho) - 3,0 a 5,0 anos, As fêmeas facilitam a fixação dos ovos fertilizados ao substrato. Não há mais cuidados parentais.

Tempo de vida/Longevidade

Há um relato de uma carpa comum que viveu uns espantosos 47 anos, provavelmente em cativeiro. Outros relatos de 17 a 20 anos são provavelmente mais típicos. (Froese e Pauly, 2002)

Hábitos alimentares

As carpas são principalmente omnívoros bentónicos selectivos que se especializam em invertebrados que vivem nos sedimentos (Lammens e Hoogenboezem 1991). As carpas recém-nascidas alimentam-se inicialmente de zooplâncton, nomeadamente rotíferos, copépodes e algas (McCrimmon 1968). As carpas jovens alimentam-se de uma variedade de macroinvertebrados, incluindo quironomídeos, moscas caddis, moluscos, ostracodes e crustáceos (McCrimmon 1968). Sabe-se que as carpas adultas comem uma grande variedade de organismos, incluindo insectos, crustáceos, anelídeos, moluscos, ovos de peixe, restos de peixe, tubérculos e sementes de plantas (McCrimmon 1968, Lammens e Hoogenboezem, 1991). A carpa alimenta-se sugando a lama do fundo ejectando-a e consumindo seletivamente os itens enquanto estão suspensos (McCrimmon 1968). As galerias de alimentação da carpa são facilmente reconhecidas em águas pouco profundas como depressões no sedimento (Cahn 1929). (Cahn, 1929; Lammens e Hoogenboezem, 1991; McCrimmon, 1968)

Dieta primária omnívora

Alimentos para animais

Peixes, ovos, carniça, insectos, moluscos, vermes terrestres, crustáceos aquáticos, zooplâncton, Alimentos vegetais, folhas, raízes e tubérculos, sementes, grãos e frutos secos, algas, macroalgas.

Predação

Os predadores das carpas jovens incluem peixes grandes como o lúcio do norte, o muskellunge, o walleye e o largemouth bass (Froese e Pauly, 2002; Baldry, 2000). Os adultos não têm outros predadores para além das pessoas. (Baldry, 2000; Froese e Pauly, 2002)

9.3 Olho de bolha

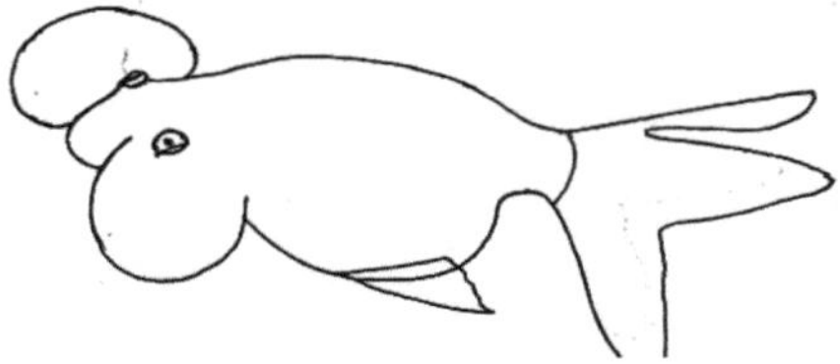

Tamanho do peixe - polegadas: 5.0 polegadas (12.70 cm)

Tamanho mínimo do tanque: 10 gal (38 L)

Temperamento: Tranquilo

Resistência do aquário: Moderadamente difícil

Temperatura: 65,0 a 72,0° F (18,3 a 22,2° C)

Nível de experiência aquarística: Intermediário

Habitat: Distribuição / Antecedentes

Os peixes dourados actuais são descendentes de uma carpa selvagem, conhecida como carpa prussiana, carpa prussiana prateada ou carpa Gibel *Carassius gibelio* (syn: *Carassius auratus gibelio)* que foi descrita por Bloch em 1782. Estas carpas selvagens são originárias da Ásia, da Ásia Central (Sibéria). Habitam as águas lentas e estagnadas dos rios, lagos, lagoas e valas, alimentando-se de plantas, detritos, pequenos crustáceos e insectos. Durante muitos anos, acreditou-se que o peixe dourado era originário da carpa cruciana ou da carpa dourada *Carassius auratus auratus* descrita por Linnaeus em 1758, mas investigações mais recentes apontam para a primeira.

O peixe dourado foi originalmente desenvolvido na China, mas em 1500 o peixe dourado era comercializado no Japão, na Europa em 1600 e na América em 1800. A maioria dos peixes dourados de luxo estava a ser desenvolvida por criadores orientais. Os resultados deste esforço de séculos são as maravilhosas cores e formas dos peixes dourados que vemos atualmente. Atualmente, os peixes dourados domesticados são distribuídos por todo o mundo.

O peixe dourado Bubble Eye, também conhecido como peixe dourado Water-Bubble Eye, foi desenvolvido na China. É uma das mais de 125 variedades de peixes dourados de fantasia criados em cativeiro.

Nome científico: *Carassius auratus auratus*

Agrupamento social: Grupos - Podem ser mantidos individualmente ou em grupos.

Lista Vermelha da IUCN: NE - Não Avaliado ou não listado - Não existem populações selvagens desta variedade criada em cativeiro.

Descrição

O peixe dourado olho de bolha, também chamado peixe dourado olho de bolha, é uma variedade de peixe dourado em forma de ovo. Tem cauda dupla e a forma e o tamanho do seu corpo são muito semelhantes aos do Peixe Dourado Celestial, sendo um pouco mais esguio do que os outros peixes dourados em forma de ovo. Também como o Celestial, os seus olhos são virados para cima, embora não de forma tão extrema.

9.4 Peixe dourado olho de bolha maduro

Os sacos cheios de líquido começam a desenvolver-se sob a forma de bolhas debaixo dos olhos aos 6-9 meses de idade e, aos 2 anos, as bolhas são muito grandes. É um dos peixes dourados sem barbatana dorsal, embora exista também uma variedade criada na China que tem uma barbatana dorsal.

Estes peixes dourados estão disponíveis numa variedade de cores que incluem sólidos de vermelho, azul, chocolate e preto; bicolores de vermelho/branco e vermelho/preto; e também calicos. Geralmente atingem cerca de 5 polegadas (13 cm), embora alguns amadores relatem que os seus Bubble Eye's crescem muito mais. O tempo de vida médio dos peixes dourados é de 10 a 15 anos, embora não seja invulgar viverem 20 anos ou mais em aquários e lagos bem mantidos

Tamanho do peixe - polegadas: 5,0 polegadas (12,70 cm) - Embora este peixe seja capaz de atingir tamanhos maiores, raramente ultrapassa as cinco polegadas no aquário doméstico.

Tempo de vida: 15 anos - O tempo de vida médio dos peixes dourados é de 10 a 15 anos, mas sabe-se que podem viver 20 anos ou mais se forem bem mantidos.

Dificuldade na criação de peixes

O peixe dourado olho de bolha é uma das espécies mais delicadas de peixe dourado. Não são recomendados como peixes para principiantes ou para aquários comunitários. Ao contrário dos peixes dourados de corpo achatado, têm uma menor tolerância à poluição. Necessitam de bons cuidados e de muito espaço. No que diz respeito à alimentação, não se desenvolverão bem com companheiros de aquário competitivos e rápidos.

Ter cuidado ao apanhar estes peixes com a rede, pois os seus olhos danificam-se facilmente. Ter também cuidado com as entradas dos filtros, se houver um forte fluxo de água os sacos de bolhas destes peixes podem ser sugados e rebentar. A colocação de uma esponja macia sobre a válvula de entrada pode ajudar.

Muitas pessoas mantêm os peixes dourados em pequenos aquários de um ou dois galões sem aquecedor ou filtragem. Mas para ter o maior sucesso na manutenção do peixe dourado olho-de-bolha, deve proporcionar-lhe a mesma filtragem, especialmente a filtragem biológica, de que os outros habitantes do aquário usufruem.

Resistência ao Aquário: Moderadamente Difícil - Os sacos por baixo dos olhos são muito delicados. Este peixe tem uma visão deficiente e é um mau nadador.

Nível de experiência do aquarista: Intermédio - O aquariofilista deve estar bem familiarizado com os cuidados a ter com os peixes dourados e com os requisitos específicos desta variação.

Alimentos e alimentação

Como são omnívoros, os peixes dourados Bubble Eye comem geralmente todo o tipo de alimentos frescos, congelados e em flocos. Para manter um bom equilíbrio, dê-lhes diariamente um alimento em flocos de alta qualidade. Para cuidar do seu peixe dourado olho-de-bolha, alimente-o com artémia (viva ou congelada), vermes sanguíneos, dáfnias ou vermes tubifex como petisco. Normalmente, é melhor alimentar com alimentos liofilizados do que com alimentos vivos para evitar parasitas e infecções bacterianas que podem estar presentes nos alimentos vivos.

Devido aos sacos cheios de líquido debaixo dos olhos, podem ter uma visão deficiente e mais dificuldade em ver a comida, pelo que precisam de mais tempo para se alimentarem.

Tipo de dieta: Omnívoro

Comida em flocos: Sim - Este peixe deve ser alimentado de preferência com comida que se afunda, pois parece muito propenso a ingerir ar, o que pode causar problemas de saúde ao peixe.

Comprimidos em pellets: Sim

Alimentos vivos (peixes, camarões, vermes): Parte da dieta

Alimentos vegetais: parte da dieta

Alimentos à base de carne: Parte da dieta

Frequência de alimentação: Várias alimentações por dia - Outros peixes dourados sem problemas de visão e natação irão competir com este peixe na altura da alimentação.

Cuidados com o aquário

Recomenda-se vivamente que se efectuem mudanças de água semanais regulares de 1/4 a 1/3 para manter estes peixes saudáveis. Os caracóis podem ser adicionados porque reduzem as algas no aquário, ajudando a mantê-lo limpo.

Mudanças de água: Semanalmente

Instalação do aquário

Montar um aquário de peixes dourados de forma a manter os peixes felizes e saudáveis é o primeiro passo para o sucesso. A forma e o tamanho do aquário são importantes e dependem do número de peixes dourados que se pretende manter. Estes peixes necessitam de muito oxigénio e produzem muitos resíduos.

Uma boa filtragem, especialmente a filtragem biológica, é muito útil para manter a qualidade da água do aquário. Os sistemas de filtragem removem grande parte dos detritos, excesso de comida e resíduos. Isto, por sua vez, ajuda a manter o aquário limpo e a manter a saúde geral do peixe dourado. No entanto, os sacos do peixe dourado Bubble Eye são famosos por ficarem presos nas válvulas de captação de água dos filtros do aquário. É útil ter uma cobertura de espuma sobre a válvula para ajudar a evitar isto.

Parâmetros do aquário a ter em conta na escolha de um aquário para peixes vermelhos:

Tamanho do depósito

Dez galões é o mínimo absoluto necessário para alojar um peixe dourado Bubble Eye. É melhor começar com um aquário de 20 a 30 galões para o seu primeiro peixe dourado e depois aumentar o tamanho do aquário em 10 galões para cada peixe dourado adicional. Fornecer uma grande quantidade de água por peixe ajudará a diluir a quantidade de resíduos e reduzirá o número de mudanças de água necessárias.

Forma do tanque

Forneça sempre o máximo de área de superfície. Uma grande área de superfície de água ajudará a minimizar o sofrimento do peixe dourado devido a uma falta de oxigénio. A área de superfície é determinada pela forma do aquário. Por exemplo, um aquário alongado oferece mais área de superfície (e oxigénio) do que um aquário alto. Num aquário oval ou redondo, o meio oferece mais área de superfície do que enchê-lo até ao topo.

Número de peixes

Para os juvenis, a regra geral é de 2,54 cm de peixe por 1 galão de água. Mas esta regra só se aplica a peixes jovens e não é adequada à medida que crescem. Os peixes dourados maiores consomem muito mais oxigénio do que os peixes jovens, pelo que manter esta fórmula para os peixes em crescimento irá prejudicá-los e pode contribuir para doenças e mesmo para a morte.

Tamanho e crescimento dos peixes

Para permitir um crescimento adequado, compre menos peixes do que o número máximo ou prepare-se para adquirir um aquário maior. Para evitar um crescimento atrofiado e outros problemas de saúde, não encha demasiado o aquário.

O peixe dourado é um peixe de água fria e dá-se melhor a temperaturas entre os 18 e os 22 graus centígrados. Ao contrário dos peixes dourados de corpo achatado, o peixe dourado olho de bolha não tolera temperaturas muito abaixo dos 16° C (60° F).

Coloque um substrato de areão para ajudar a criar um ambiente natural e confortável para os seus peixes. Pode acrescentar alguma decoração, mas tenha em atenção que os sacos oculares cheios de fluido podem ser um problema, pois danificam-se facilmente e dão a estes peixes uma visão deficiente. Certifique-se de que toda a ornamentação é lisa, sem pontas salientes ou arestas afiadas. Pedras lisas ou troncos de madeira devem ser usados com moderação. As plantas de aquário seriam a melhor escolha de decoração de aquário para os peixes vermelhos, mas infelizmente estes peixes são escavadores. Consequentemente, as plantas vivas podem ser arrancadas pela raiz. As plantas artificiais são um bom substituto e as plantas de seda são mais seguras do que as de plástico.

A maioria dos aquários vem com uma cobertura que inclui iluminação. Uma cobertura para o aquário é desejável, pois reduz a evaporação e, embora não sejam propensos a saltar, ocasionalmente alguns peixes dourados saltam. A iluminação não é essencial para os peixes dourados em geral, mas pode ajudar o Bubble Eye, uma vez que estes peixes têm uma visão muito fraca. Torna o aquário numa bela peça de exibição e é necessária se tiver plantas vivas.

Os peixes dourados são peixes de água doce, mas têm alguma tolerância a água ligeiramente salobra. O nível de salinidade para o C. *auratus* deve ser mantido baixo, abaixo de 10% com uma gravidade específica inferior a 1,002.

Tamanho mínimo do aquário: 38 litros - Dez galões é o mínimo absoluto necessário para alojar este peixe. Tem grandes necessidades de oxigénio e produz muitos resíduos. Terá um crescimento muito atrofiado se for mantido num aquário mais pequeno.

Adequado para Nano Tank: Por vezes

Tipo de substrato: Qualquer um - Um areão de tamanho médio funciona melhor.

Necessidades de iluminação: Iluminação moderada - normal - Uma iluminação forte ajudará este peixe a tirar o melhor partido da pouca visão que tem.

Temperatura: 65,0 a 72,0° F (18,3 a 22,2° C) - Ao contrário dos peixes dourados de corpo plano, o peixe dourado Bubble Eye não tolera temperaturas muito inferiores a 60° F (16° C).

Gama ph: 6.0-8.0

Gama de dureza: 5 - 19 dGH

Salobra: Por vezes - A salinidade para o C. auratus deve ser mantida abaixo de 10%, uma gravidade específica inferior a 1,002.

Movimento na água: Fraco - Este peixe precisa de um fluxo de água suave, o seu corpo arredondado e a falta de uma barbatana dorsal estabilizadora tornam a sua capacidade de natação incómoda.

Região aquática: Todas - Este peixe prefere geralmente a superfície ou o fundo do aquário.

9.5 *Poecilia reticulata*

(Guppy)

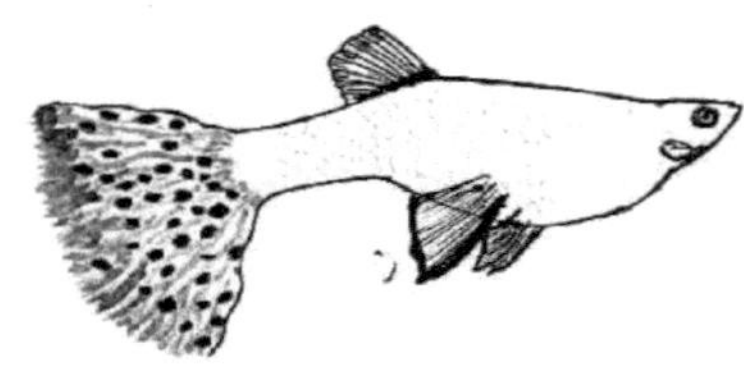

O peixe Guppy é provavelmente a espécie de peixe de aquário mais famosa do mundo e é também conhecido como um dos peixes mais baratos nas lojas, embora algumas formas possam ser caras. Pequeno, bonito, pacífico, animado, curioso e resistente, existem muitas variações coloridas que podem ser coleccionadas e facilmente reproduzidas. Esta espécie é uma das melhores escolhas para os principiantes, especialmente para as crianças. No entanto, como todos os peixes mantidos em cativeiro, estes peixes também requerem cuidados e condições adequadas (leia abaixo para saber mais). Embora os cuidados com os peixes Guppy sejam quase fáceis, não se deve subestimá-los, pois os Guppies também podem sofrer de doenças!

Dimorfismo sexual dos guppies

As fêmeas são muito maiores e mais redondas do que os machos, chegando mesmo a não se parecerem com a mesma espécie. Ao contrário das fêmeas, que são cinzentas, os machos são muito coloridos e têm barbatanas largas. Existem muitos tipos de Guppies e, através da reprodução, é possível criar novas variantes. Uma das muitas variantes é o Guppy de Endler (link). O seu tamanho é de: 4,0 - 6,0 cm (1,6 - 2,3 polegadas).

Informações sobre a alimentação - Dieta adequada

O Guppy pode ser alimentado com uma grande variedade de alimentos (flocos, Spirulina, alface, vermes, espinafres, alimentos liofilizados, larvas de mosquito). Estes peixes aceitam quase tudo, no entanto não se deve alimentá-los com alimentos de baixa qualidade, pois isso afecta negativamente a saúde e o tempo de vida dos peixes - veja sempre os ingredientes na parte de trás da embalagem, nunca compre alimentos que contenham uma lista incompleta de ingredientes. Sabe-se que os alimentos de baixa qualidade apenas listam 40% a 50% dos seus ingredientes, o resto permanece desconhecido para o tratador. Os guppies têm estômagos pequenos e só podem consumir uma pequena quantidade de comida numa só refeição. A propósito, é divertido vê-los comer larvas, que são quase tão grandes como os Guppies. Comem as larvas como se fossem esparguetes grandes. Recomenda-se alimentá-los em pequenas quantidades (algo que eles comam em dois ou três minutos) pelo menos 3 vezes por dia. Quando eu tinha estes peixes maravilhosos, costumava dar-lhes comida duas vezes por dia. Não esquecer que, tal como outros peixes, os Guppies também comem qualquer coisa saborosa que possa ser encontrada num aquário, incluindo ovos e alevins. Os meus costumavam comer ovos de Panda Cories (se os ovos estiverem num sítio visível, então não são seguros). Não há problema em deixar os peixes passar fome um dia por semana, pois este procedimento ajuda-os a esvaziar o sistema digestivo, o que aumenta o tempo de vida de qualquer peixe, não só dos Guppies.

Reprodução de guppies e cuidados a ter com os alevins

Os Guppies são criadores prolíficos, vivíparos, o que significa que se reproduzem quase sem parar se um macho e uma fêmea forem deixados juntos. Ambos os progenitores têm de ser adultos, saudáveis e não demasiado velhos (o tempo de vida esperado da *Poecilia reticulata* é de 2-3 anos, pelo que a fêmea não deve ter mais de 2 anos para se reproduzir) para se reproduzirem com sucesso. As fêmeas de Guppy amadurecem com cerca de 3 meses de idade, os machos costumam amadurecer um pouco mais cedo. Os machos fazem uma exibição de cortejamento em frente da fêmea, abrindo as barbatanas e curvando o corpo. Uma vez fecundada a fêmea, a gestação demora entre 28 e 30 dias a terminar e a fêmea dá à luz. O ventre cresce rapidamente durante o período de gestação e, no final, pode ter um aspeto quadrado. Além disso, a mancha de gravidez será visível na fêmea quando ela estiver grávida. Não te esqueças que os Guppies que estão prestes a dar à luz preferem água em movimento lento, escondem-se muito e passam muito tempo deitados no substrato ou nas plantas. Algumas fêmeas podem recusar-se a comer quando o parto está iminente.

Quando a fêmea dá à luz, os alevins podem ser deixados a cuidar de si próprios imediatamente após o nascimento. Infelizmente, os alevins de guppy são uma iguaria para a maioria dos peixes, por isso adicione ao seu aquário plantas flutuantes como a *Lemna minor* ou a *Pistia stratiotes*, nas quais os recém-nascidos se podem esconder. Mesmo os pais de recém-nascidos considerá-los-ão comida! É uma boa ideia separar os recém-nascidos dos outros peixes, sendo recomendável criar um aquário dedicado aos alevins, no entanto certifique-se que os parâmetros da água (pH, dureza, temperatura) são os mesmos em ambos os aquários - o "original" e o dos "alevins". Caso contrário, a sua taxa de mortalidade aumentará, pois os recém-nascidos são sensíveis a alterações súbitas e inesperadas na química da água.

Estes peixes irão reproduzir-se em excesso se a sua população não for controlada, pense sempre nisso antes de comprar Guppies! Digamos que existem 2 fêmeas no seu aquário, cada uma delas é capaz de produzir 20 recém-nascidos por mês - em 5 meses terá 200 Guppies no seu aquário! A consanguinidade deve ser evitada a todo o custo! Muitos aquariofilistas criam Guppies como peixes de alimentação para ciclídeos sul-americanos, isto pode parecer demasiado drástico para muitos aquariofilistas, no entanto usá-los como peixes de alimentação é uma forma perfeita de eliminar a reprodução excessiva. Outro aspeto importante da criação de Guppies é a sua capacidade de armazenar esperma durante meses. Não é invulgar ver uma fêmea dar à luz mesmo 6-8 meses depois de viver separada dos machos.

O aquário, os companheiros de aquário e os cuidados a ter com os peixes guppy

Os Guppies requerem temperaturas bastante quentes (23-24 °C, 82-84 °F), mas podem viver em água entre 19,0 - 29,0 °C (69 - 86 °F) desde que o pH seja estável entre 7,0 e 8,5. A dureza geral ideal da água para a *Poecilia reticulata* é de 12,0 - 18,0 °N (214 - 321 ppm, ou 4,29 - 6,43 mEq), no entanto sabe-se que também podem viver em águas mais macias. Um aquário com vegetação é perfeito para criar Guppies, pois não só aumenta a taxa de sobrevivência dos recém-nascidos (eles têm um lugar para se esconder), como também imita o seu ambiente natural. Plantas como *a Vallisneria spiralis, Echinodorus amazonicus, Cabomba furcata* são uma escolha fantástica para os aquários de Guppy, pois criam belos cenários se cultivadas corretamente. As espécies mencionadas crescem bastante, pelo que são adequadas como plantas de fundo.

Como os guppies são peixes muito sociáveis, não devem ser mantidos sozinhos. Criá-los num aquário comunitário com peixes pacíficos também não faz mal, no entanto os guppies são conhecidos por serem mordedores de barbatanas. Peixes com barbatanas atractivas (peixes de luta siameses, por exemplo) podem sofrer se forem mantidos com Guppies, por isso evite criar essas espécies juntas. Só os peixes que sabem ripostar em caso de agressão devem ser mantidos com estes vivíparos activos, pois os Guppies seguem frequentemente outros peixes e tentam "brincar" com eles.

Uma vez que esta espécie se reproduz como os coelhos, a proporção de machos e fêmeas é de 1:3.

Os companheiros de tanque que devem ser evitados:

Gouramis, peixes do Paraíso, peixes de combate siameses, Acara, ciclídeos Jack Dempsey, ciclídeos do Texas e quase todos os ciclídeos da América Central e do Sul, etc.

Os bons companheiros de aquário para os Guppies são

Peixes-anjo, Corydoras, Pleco's pacíficos, ciclídeos Ram, Platies, Mollies.

Uma vez que os Guppies tendem a viver felizes num aquário com mais de 10-15 habitantes, é necessário um aquário de tamanho razoável para os criar. Eu nunca recomendaria colocar Guppies num aquário de 20 litros ou menos. Na verdade, um aquário de 20L nunca conterá 20L de água na totalidade graças ao areão, filtro, troncos e ao facto de nenhum aquário estar cheio de cima a baixo. Em vez disso, são necessários pelo menos 40 litros (10,56 galões americanos, 8,8 galões imperiais) para cerca de 10-12 Guppies. Um espécime ficará bem num aquário de 5 litros que é 1,32 galões americanos ou 1,09 galões imperiais.

Nunca coloque um Guppy num aquário pequeno! Os aquários são conhecidos por causarem problemas de orientação e os peixes em aquários pequenos costumam morrer num curto espaço de tempo! Se por alguma razão não houver hipótese de evitar um aquário, tente arranjar um que seja tão grande quanto possível - de preferência 60 litros ou maior. Para além disso, crie filas e use decorações como troncos ou grutas para ajudar os peixes a orientarem-se.

Doenças dos guppies

Tal como outras espécies de peixes, os Guppies também podem sofrer de doenças. É uma regra geral que se aplica a todos os peixes e plantas - quanto melhor for a qualidade da água, maiores são as hipóteses de manter os Guppies saudáveis. É importante compreender que o stress é um dos factores mais importantes no desenvolvimento de qualquer doença. Se os peixes se sentirem desconfortáveis, isso conduzirá a uma doença, independentemente de se tratar de um peixe ou de qualquer outro animal. Uma vez que existe um artigo dedicado às doenças mais comuns nos aquários domésticos, não hesite em visitá-lo: doenças dos peixes de aquário. Ao criar Guppies, mantenha a água de alta qualidade (sem amoníaco, cloro, cloramina e substâncias afins, pH de 7 pelo menos, dureza e dureza carbonatada adequadas, temperatura estável) e evitará quase todas as doenças.

Informações e conhecimentos adicionais sobre os guppies

Muitas pessoas visitam o aqua-fish.net para fazer perguntas sobre os seus Guppies, como se pode ver no artigo, por isso compilámos as perguntas mais frequentes e respondemo-las aqui:

Muitas pessoas perguntam como controlar a população de guppies. Existem algumas soluções fáceis: usar um divisor, separar as fêmeas dos machos (o que significa mantê-los em dois aquários diferentes), vender peixes à loja de animais local, usar os Guppies como peixes de alimentação, introduzir um predador natural que coma os alevins, ou dar Guppies a alguém que tenha, digamos, peixes Oscar, ciclídeos Jack Dempsey, peixes Paradise ou outros.

Como os guppies não são muito bons saltadores, não é provável encontrá-los no tapete ou no chão, mas de qualquer forma as pessoas perguntam quanto tempo pode um guppy viver fora de água. Quanto mais pessoas, mais respostas. Alguns exemplares podem viver 10 minutos, outros apenas 5 e alguns podem chegar a uma hora. O problema é que quanto mais tempo um guppy fica fora de água, mais danos causa. Um exemplar pode sobreviver 10 minutos, mas nunca se sabe se esse peixe vai aguentar a noite toda. Na minha experiência, qualquer coisa até 5-6 minutos deve ser seguro. Use uma tampa para evitar este tipo de problemas.

Os aquariofilistas também perguntam qual a quantidade de água que um guppy precisa. Não há uma resposta correta, mas manter 1 guppy por 1 litro não é bom. Como já foi mencionado, eu recomendo pelo menos 5 litros (1,32 galão americano ou 1,09 galão imperial) por guppy.

9.6 Barbus gelius

Nome comum: Barbela dourada

Nome científico: *Puntius gelius* (Hamilton, 1822)

Sinónimos: *Barbus gelius* (Hamilton, 1822), *Cyprinus canius* Hamilton, 1822, *Cyprinus gelius* Hamilton, 1822,*Systomus canius* Hamilton, (1822), *Systomus gelius* (Hamilton, 1822)

Origem: Bangladesh, Índia e Paquistão. Introduzido na Colômbia e nos EUA. **Tamanho:** 5cm/2"

Dieta: Micropredador, alimenta-se de insectos, vermes e crustáceos. Adaptam-se facilmente a alimentos em flocos e a pequenos alimentos granulados. Devem também ser alimentados regularmente com alimentos vivos ou congelados de tamanho adequado.

Água: Apenas água doce sub tropical. pH 6 - 7; GH até 10; temperatura 18 a 22C.

Aquário: aquário de 60 litros no mínimo. Devem ser previstos esconderijos e zonas abertas para nadar. Os barbos dourados são peixes muito vivos e activos.

Povoamento: Esta é uma espécie de cardume e deve ser mantida num grupo de pelo menos cinco indivíduos. São pacíficos e podem ser utilizados como parte de um aquário comunitário com outros pequenos peixes pacíficos.

Habitat: Lagoas, valas, lagos, riachos e rios. O facto de estarem tão espalhados indica provavelmente que não são particularmente exigentes quanto ao local onde vivem. **Reprodução:** Espalham os ovos, que são largados sobre plantas de folhas finas ou sobre um esfregão de desova artificial. Os progenitores comem os ovos se estes não forem retirados logo após a postura.

Sexagem: As fêmeas parecem mais cheias.

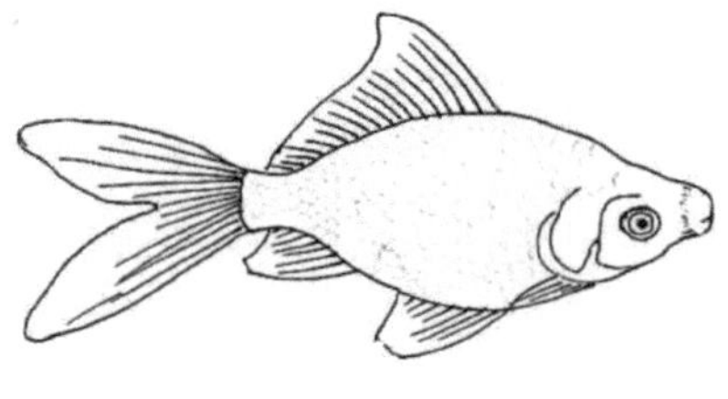

9.7 Peixe dourado

Tamanho do peixe - polegadas: 4.0 polegadas (10,16 cm)

Tamanho mínimo do tanque: 15 gal (57 L)

Temperamento: Tranquilo

Resistência do aquário: Muito resistente

Temperatura: 65,0 a 72,0° F (18,3 a 22,2° C)

Nível de experiência do aquarista: Iniciante

Habitat: Distribuição / Antecedentes

Os peixes vermelhos actuais são descendentes de uma carpa selvagem, conhecida como Carpa Prussiana, Carpa Prussiana Prateada, ou Carpa Gibel *Carassius gibelio* (syn: *Carassius auratus gibelio)* que foi descrita por Bloch em 1782. Durante muitos anos acreditou-se que o peixe dourado era originário da carpa cruciana ou da carpa dourada Carassius *auratus auratus* descrita por Linnaeus em 1758, mas investigações mais recentes apontam para a primeira hipótese.

Estas carpas selvagens são originárias da Ásia, da Ásia Central (Sibéria). Habitam as águas lentas e estagnadas dos rios, lagos, lagoas e valas, alimentando-se de plantas, detritos, pequenos crustáceos e insectos.

O peixe dourado foi originalmente desenvolvido na China. Esta espécie era normalmente de cor prateada ou cinzenta, mas no início da dinastia Jin, algures entre os anos 265 - 420, notou-se que havia uma mutação genética natural que produzia uma cor laranja amarelada. Tornou-se prática comum criar este bonito peixe dourado para lagos ornamentais de jardim.

Em 1500, os peixes dourados eram comercializados para o Japão, para a Europa em 1600 e para a América em 1800. Os resultados deste esforço de séculos são as maravilhosas cores e formas dos peixes dourados que vemos atualmente. Outras mutações naturais são o vermelho e o amarelo, e atualmente existem várias cores sólidas e combinações de branco, amarelo, laranja, vermelho, castanho e preto. Atualmente, os peixes dourados domesticados estão distribuídos por todo o mundo e existem mais de 125 variedades criadas em cativeiro que foram desenvolvidas.

Descrição

O peixe dourado comum é uma variedade de peixe dourado alongado e de corpo achatado. A cabeça é larga mas curta e o corpo afunila-se suavemente desde o dorso e o ventre até à base da barbatana caudal. A barbatana caudal é bifurcada. As suas barbatanas estão geralmente completamente erectas e o bordo da barbatana dorsal é ligeiramente côncavo.

O tempo de vida médio de um peixe dourado é de 10 a 15 anos, embora não seja invulgar viver 20 anos ou mais em aquários e lagos bem mantidos.

O ambiente em que o peixe dourado comum é mantido é um fator determinante para saber se o seu animal de estimação cresce até ao seu tamanho potencial máximo ou se é um pouco mais pequeno. Num aquário médio de 10 galões, se for bem cuidado e não estiver cheio, pode crescer até cerca de 10 cm. Num aquário maior, sem aglomeração, podem crescer geralmente até cerca de 17,78 a 20,32 cm. Se forem mantidos num tanque espaçoso podem atingir mais de 30 cm e alguns amadores relatam que os seus peixes dourados atingem uns impressionantes 45 cm!

9.8 Peixe dourado comum

Existem várias cores sólidas e combinações de branco, amarelo, laranja, vermelho, castanho e preto. O exemplar mais distinto é de cor laranja metálico brilhante.

O peixe dourado comum é muito semelhante e por vezes confundido com o peixe dourado cometa. O Cometa é um desenvolvimento posterior do Peixe Dourado Comum. Ambos os peixes têm uma forma de corpo quase idêntica mas as barbatanas do Cometa são muito mais compridas, especialmente a barbatana caudal, e é mais profundamente bifurcada. Além disso, na cor laranja padrão, o Cometa é geralmente um laranja mais avermelhado, enquanto o Peixe Dourado Comum é mais alaranjado. O tamanho adulto do Peixe Dourado Cometa é também mais pequeno. Em ambos os peixes a barbatana caudal (cauda) é mantida totalmente erecta.

9.9 Peixe dourado Cometa

Além disso, na cor laranja padrão, o Cometa é geralmente um laranja mais avermelhado, enquanto o peixe dourado comum é mais alaranjado. O tamanho adulto do Peixe Dourado Cometa é também mais pequeno. Em ambos os peixes a barbatana caudal (cauda) é mantida totalmente erecta.

Outro peixe dourado que é quase idêntico ao peixe dourado comum é o peixe dourado Shubunkin do tipo "London". Ambos os peixes têm praticamente a mesma forma de corpo e barbatanas, mas o peixe dourado Shubunkin do tipo London tem uma cor de corpo totalmente diferente. Enquanto um bom exemplar do peixe dourado comum terá uma cor laranja metálica brilhante, este peixe dourado Shubunkin tipo Londres pode ser salpicado ou ter um padrão de cores variadas.

Outro peixe dourado que é quase idêntico ao peixe dourado comum é o peixe dourado Shubunkin do tipo "London". Ambos os peixes têm praticamente a mesma forma de corpo e barbatanas, mas o peixe dourado Shubunkin do tipo London tem uma cor de corpo totalmente diferente. Enquanto um bom exemplar do peixe dourado comum terá uma cor laranja metálica brilhante, este peixe dourado Shubunkin tipo Londres pode ser salpicado ou ter um padrão de cores variadas.

Tamanho do peixe - polegadas: 4,0 polegadas (10,16 cm) - O tamanho médio é de 4" (10 cm) mas pode atingir cerca de 7 ou 8 polegadas (18 - 20 cm) se não estiver cheio. Se forem mantidos num tanque espaçoso, podem atingir mais de 30 cm. Alguns amadores referem que os seus peixes dourados comuns atingem uns impressionantes 45+ cm.

Tempo de vida: 15 anos - O tempo de vida médio dos peixes dourados é de 10 a 15 anos, mas sabe-se que podem viver 20 anos ou mais se forem bem mantidos.

Dificuldade na criação de peixes

Os peixes dourados comuns são uma das espécies mais resistentes de peixes dourados. São muito pouco exigentes quanto à qualidade e temperatura da água. Podem dar-se bem num aquário de peixes dourados, ou mesmo num lago, desde que o ambiente seja seguro e os seus companheiros de aquário não sejam competitivos.

Muitas pessoas mantêm os peixes vermelhos num aquário sem aquecedor ou filtragem, mas para obterem o melhor sucesso, devem proporcionar-lhes a mesma filtragem, especialmente a filtragem biológica, de que os outros habitantes do aquário usufruem.

Resistência do aquário: Muito resistente

Nível de experiência do aquarista: Iniciante

Alimentos e alimentação

Como são omnívoros, os peixes dourados comuns comem geralmente todo o tipo de alimentos frescos, congelados e em flocos. Para manter um bom equilíbrio, dê-lhes diariamente um alimento em flocos de alta qualidade. Para cuidar do seu peixe-dourado, alimente-o com artémia (viva ou congelada), vermes sanguíneos, dáfnias ou vermes tubifex como petisco. Normalmente, é melhor alimentar com alimentos liofilizados do que com alimentos vivos para evitar parasitas e infecções bacterianas que podem estar presentes nos alimentos vivos.

Tipo de dieta: Omnívoro

Alimentos em flocos: Sim

Comprimidos em pellets: Sim

Alimentos vivos (peixes, camarões, vermes): Parte da dieta

Alimentos vegetais: parte da dieta

Alimentos à base de carne: Parte da dieta

Frequência de alimentação: Vários alimentos por dia

Cuidados com o aquário

Recomenda-se vivamente que se efectuem mudanças de água semanais regulares de 1/4 a 1/3 para manter estes peixes saudáveis. Os caracóis podem ser adicionados porque reduzem as algas no aquário, ajudando a mantê-lo limpo.

Mudanças de água: Semanalmente

Configuração do aquário

Montar um aquário de peixes dourados de forma a manter os peixes felizes e saudáveis é o primeiro passo para o sucesso. A forma e o tamanho do aquário são importantes e dependem do número de peixes dourados que se pretende manter. Estes peixes necessitam de muito oxigénio e produzem muitos resíduos.

Uma boa filtragem, especialmente a filtragem biológica, é muito útil para manter a qualidade da água do aquário. Os sistemas de filtragem removem grande parte dos detritos, excesso de comida e resíduos. Isto, por sua vez, ajuda a manter o aquário limpo e a manter a saúde geral do peixe dourado.

Os peixes dourados são peixes de água doce, mas têm alguma tolerância a água ligeiramente salobra. O nível de salinidade para os peixes dourados deve ser mantido baixo, inferior a 10%, com uma gravidade específica inferior a 1,002.

Parâmetros do aquário a ter em conta na escolha de um aquário para peixes vermelhos:

Tamanho do depósito

Quinze galões é o mínimo absoluto necessário para alojar um peixe dourado comum. É melhor começar com um aquário de 20 a 30 galões para o seu primeiro peixe dourado e depois aumentar o tamanho do aquário em 10 galões para cada peixe dourado adicional. Fornecer uma grande quantidade de água por peixe ajudará a diluir a quantidade de dejectos e reduzirá o número de mudanças de água necessárias.

Forma do tanque

Forneça sempre o máximo de área de superfície. Uma grande área de superfície de água ajudará a minimizar o sofrimento do peixe dourado devido a uma falta de oxigénio. A área de superfície é determinada pela forma do aquário. Por exemplo, um aquário alongado oferece mais área de superfície (e oxigénio) do que um aquário alto. Num aquário oval ou redondo, o meio oferece mais área de superfície do que enchê-lo até ao topo.

Número de peixes

Para os juvenis, a regra geral é de 2,54 cm de peixe por 1 galão de água. Mas esta regra só se aplica a peixes jovens e não é adequada à medida que crescem. Os peixes dourados maiores consomem muito mais oxigénio do que os peixes jovens, pelo que manter esta fórmula para os peixes em crescimento irá prejudicá-los e pode contribuir para doenças e mesmo para a morte.

Tamanho e crescimento dos peixes

Para permitir um crescimento adequado, compre menos peixes do que o número máximo ou prepare-se para adquirir um aquário maior. Para evitar um crescimento atrofiado e outros problemas de saúde, não encha demasiado o aquário.

O peixe dourado é um peixe de água fria e dá-se melhor a temperaturas entre os 18 e os 22 graus centígrados. O peixe dourado comum é uma das variedades mais resistentes de peixes dourados e pode tolerar temperaturas alguns graus acima de zero, desde que o arrefecimento caia apenas alguns graus por dia. Uma descida rápida da temperatura pode matá-los, por isso, se viver num clima muito frio, é aconselhável ter um aquecedor.

Coloque um substrato de areão para ajudar a criar um ambiente natural e confortável para os seus peixes. Pode acrescentar alguma decoração, mas certifique-se de que toda a ornamentação é lisa, sem pontas salientes ou arestas vivas. As rochas lisas ou a madeira flutuante devem ser usadas com moderação, se for o caso. As plantas de aquário seriam a melhor escolha de decoração para peixes vermelhos, mas infelizmente estes peixes são escavadores. Consequentemente, as plantas vivas podem ser arrancadas pela raiz. As plantas artificiais são um bom substituto e as plantas de seda são mais seguras do que as de plástico.

A maioria dos aquários vem com uma cobertura que inclui iluminação. Uma cobertura para o aquário é desejável, pois reduz a evaporação e, embora não sejam propensos a saltar, ocasionalmente alguns peixes dourados saltam para fora. A iluminação não é essencial para os peixes dourados, mas torna o aquário uma bela peça de exibição e a iluminação ajudará se tiver plantas vivas.

Tamanho mínimo do aquário: 57 L - 15 galões é o mínimo absoluto para esta variedade de peixe dourado, e 25 galões é realmente o melhor. Este peixe pode crescer até mais de 30 cm de comprimento, mantê-lo num aquário pequeno irá atrasar o seu crescimento e causar danos irreversíveis.

Adequado para aquário nano: Por vezes - Um aquário nano é bom desde que tenha 15 galões ou mais, um aquário maior será necessário para uma comunidade.

Tipo de substrato: Qualquer - Qualquer Um cascalho de tamanho médio funciona melhor.

Necessidades de iluminação: Moderada - iluminação normal

Temperatura: 18,3 a 22,2° C (65,0 a 72,0° F) - Os peixes dourados podem tolerar temperaturas mais frias, mas esta é a gama óptima para a atividade e longevidade dos peixes dourados.

Gama ph: 6.0-8.0

Gama de dureza: 5 - 19 dGH

Salobra: Por vezes - Os peixes dourados são peixes de água doce, mas têm alguma tolerância a água ligeiramente salobra. Qualquer salinidade deve ser mantida baixa, abaixo de 10%, com uma gravidade específica inferior a 1,002.

Movimento da água: Moderado

Região aquática: Todas - Estes peixes nadam em todas as zonas do aquário.

9.10 Peixes de combate

(Betta splendens)

Tamanho do peixe - polegadas: 2,8 polegadas (7,01 cm)

Tamanho mínimo do tanque: 3 gal (11 L)

Temperamento: Tranquilo

Resistência do aquário: Muito resistente

Temperatura: 75,0 a 86,0° F (23,9 a 30,0° C)

Peixes comunitários - Peixes de água doce pacíficos

Hardy Fish - Peixes de água doce resistentes

Peixes *de tamanho semelhante* - Peixes que são 1 polegada maiores ou mais pequenos *Peixes de água fria* - Procura peixes de água fria? (65 °)

Habitat: Distribuição / Antecedentes

O peixe-lutador siamês *Betta splendens* foi descrito por Regan em 1910. Esta espécie encontra-se no sudeste asiático, na bacia do Baixo Mekong: Península Malaia, Tailândia, Camboja e Vietname. Ocorre nas bacias de Mae Khlong a Chao Phraya, nas águas da vertente oriental das montanhas Cardamom e no Istmo de Kra. A sua área de distribuição natural é a Tailândia, mas, dada a sua popularidade nos últimos 100 anos, é difícil determinar a sua área de distribuição original exacta, uma vez que se encontra atualmente em estado selvagem em muitos países. O nome do género "Betta" foi retirado do nome javanês "Wuder Bettah". Esta espécie é também designada pelo nome comum Betta, especialmente nos Estados Unidos. Outros nomes comuns incluem Betta de Cauda Dividida e Libby Betta.

Os nativos chamam-lhes "pla-kad", que significa literalmente "peixe que morde". Curiosamente, na Tailândia, são chamados "pla kat Khmer", que significa "peixe combatente da terra de Khmer" (Kampuchea). Em inglês, isto significa "Fighting Fish from the country of Cambodia". O Khmer é a língua do povo Khmer e a língua oficial do Camboja e Kampuchea é o nome oficial do Camboja.

Esta espécie está incluída na Lista Vermelha da IUCN como Vulnerável (VU). Embora a extensão exacta da sua ocorrência não seja totalmente conhecida, grande parte da área em torno dos seus habitats conhecidos foi convertida para a agricultura intensiva, conduzindo à poluição e à degradação. Isto é especialmente verdade no centro da Tailândia. Suspeita-se que a população tenha sofrido um declínio de cerca de 30% em toda a sua área de distribuição. As ameaças secundárias podem ser uma possível redução dos habitats naturais, bem como uma erosão genética devido à fuga de espécies cultivadas introduzidas de novo na natureza.

O B. splendens é uma das 70 espécies atualmente reconhecidas do género *Betta*, existindo ainda mais 6 ou mais espécies não descritas. Este género é composto por dois grupos básicos, os construtores de ninhos de bolhas e os criadores de boca. Estudos mais aprofundados poderão dividir este grupo no futuro, uma vez que a criação pela boca é indicativa de espécies que evoluíram muito mais. No entanto, atualmente estão todos agrupados e, na aparência, os dois grupos são muito semelhantes.

Algumas das outras espécies de *Betta* que são ocasionalmente vistas no comércio de aquários incluem:

Betta gigante *Betta anabatoides* (Bleeker, 1851)

Outros nomes comuns incluem: Betta Perolado, Bufooder Grande Sem Manchas, Betta Gigante

Betta magro *Betta bellica* (Sauvage, 1884)

Outros nomes comuns incluem: Betta Esguio, Peixe Lutador Riscado, Peixe Lutador Magro, Peixe Lutador Belicoso, Peixe Lutador da Selva Verde, Peixe Betta Magro

Castanho anão vermelho *Betta brownorum* (Witte & Schmidt, 1992)

Betta vermelho-vinho *Betta coccina* (Vierke, 1979)

Camaleão Betta *Betta foerschi* (Vierke, 1979)

Outros nomes comuns incluem: Betta de Foersch

Betta Crescente *Betta imbellis* (Ladiges, 1975) Outros nomes comuns incluem: Betta pacífico

Betta *macrostoma* (Regan, 1910)

Outros nomes comuns incluem: Bico-de-pavão, Brunei Beauty, Orangecheek Betta, Spotfin Bettafish

Betta malhado *Betta picta* (Valenciennes, 1846)

Outros nomes comuns incluem: Betta Pintado, Peixe Batedor de Boca de Javan, Betta Batedor de Boca, Peixe Betta Malhado

Betta de Penang *Betta pugnax* (Cantor, 1849)

Outros nomes comuns incluem: Peixe-porco Penang, Peixe-porco Pengang, Peixe-porco Penang, Peixe-porco Malaio, Peixe-porco Gigante, Peixe-porco Olho Grande, Peixe-porco Javanês

Betta azul *Betta smaragdina* (Ladiges, 1972) Outros nomes comuns incluem: Betta esmeralda, Betta azul

Betta do Bornéu *Betta taeniata* (Regan, 1910)

Outros nomes comuns incluem: Peixe-lutador com faixas, Betta listrado, Peixe-beta de Bornéu

Betta de Howong *Betta unimaculata* (Popta, 1905)

Outros nomes comuns incluem: Betta de uma mancha, Betta de uma mancha, Betta de uma mancha, Betta de uma mancha azul

Algumas espécies de *Betta* que são uma exportação rara no comércio de aquários incluem:

Akar Betta *Betta akarensis* (Regan, 1910)

Outros nomes comuns incluem: Betta de Sarawak, Betta de escada, Betta de escada

Pintassilgo *Betta albimarginata* (Kottelat & Ng, 1994)

Bufo de Balunga *Betta balunga* (Herre, 1940)

Lutador anão castanho vermelho *Betta burdigala* (Kottelat & Ng, 1994)

Lutador de cabeça de cobra *Betta channoides* (Kottelat & Ng, 1994)

Chini Mouthbrooder *Betta chini* (Ng, 1993)

Bico-de-garganta-verde *Betta chloropharynx*(Kottelat & Ng, 1994)

Bufo anão *Betta dimidiata* (Roberts, 1989)

Betta da Edith *Betta edithae* (Vierke, 1984) Outros nomes comuns incluem:

O bucéfalo da Edith

Bico-de-bico-azul *Betta enisae* (Kottelat, 1995)

Betta escuro *Betta fusca* (Regan, 1910) Outros nomes comuns incluem: Betta Escuro, Bufo castanho

Betta ciumento *Betta lehi* (Tan & Ng, 2005) Outros nomes comuns incluem: Lutador vermelho de Selangor

Lutador de barbatana pequena *Betta miniopinna* (Tan & Tan, 1994)

Betta preta *Betta patoti* (Weber & de Beaufort, 1922)

Betta anão *Betta persephone* (Schaller, 1986) Outros nomes comuns incluem: Lutador Preto Pequeno

Bufo de três barbatanas *Betta prima* (Kottelat, 1994)

Bufo de beleza *Betta pulchra* (Tan & Tan, 1996)

Toba Betta Betta rubra (Perugia, 1893) Outros nomes comuns incluem: Lutador vermelho de Sumatra

Betta rutilans (Witte & Kottelat, 1991)

Lutador Simor *Betta simorum* (Tan & Ng, 1996)

Betta simplex (Kottelat, 1994) Outros nomes comuns incluem: Betta de barbatana vermelha

Dentro do género *Betta*, os híbridos foram formados a partir do cruzamento do peixe lutador siamês *B. splendens* com o betta crescente *B. imbellis,* o betta azul *Betta smaragdina* e o betta *sp. Mahachaia* não descrito. Também foram registados híbridos entre *o B. splendens* e o seu parente próximo, o peixe do paraíso *Macropodus opercularis.*

Esta espécie ocorre em águas paradas e lentas com vegetação densa. Encontram-se em planícies aluviais, canais e arrozais, bem como em rios de média e grande dimensão. São peixes-labirinto, membros da subordem Anabantoidei, frequentemente designados por Anabantoides, que podem respirar oxigénio atmosférico. Este tipo de peixes tem um órgão respiratório adicional chamado "órgão labiríntico", que lhes permite sobreviver em massas de água estagnadas com um teor de oxigénio muito baixo ou mesmo poluídas. Conseguem obter oxigénio através da passagem da água pelas guelras, mas também têm a capacidade de engolir ar à superfície.

São essencialmente carnívoros, mas alimentam-se de uma grande variedade de plantas e animais. A sua dieta inclui zooplâncton, larvas de insectos e crustáceos, bem como insectos aquáticos perto da superfície da água e algas verdes.

Nome científico: *Betta splendens*

Agrupamento social: Solitário - Na natureza esta espécie é essencialmente solitária, formando pares aquando da desova.

Lista Vermelha da IUCN: VU - Vulnerável

Descrição

O peixe-lutador siamês natural tem um corpo alongado e robusto e barbatanas curtas e arredondadas, tendo a fêmea barbatanas mais curtas do que o macho. Como todos os outros peixes-labirinto, podem respirar ar, geralmente engolindo-o à superfície da água. Possuem um "órgão labiríntico" especial que funciona como um pulmão e que lhes permite sobreviver em águas pobres em oxigénio ou poluídas. O seu comprimento varia entre 6 e 7 cm e a sua duração média de vida é de 2 a 3 anos se forem bem tratados.

Na sua forma natural selvagem, a coloração do corpo é verde e castanha, embora possa tornar-se mais forte quando está agitada. Pode haver uma mudança de padrão de cor com as mudanças de humor, principalmente nas fêmeas. As barras horizontais aparecem quando estão stressadas ou assustadas (só raramente se vêem nos machos) e as riscas verticais podem aparecer nas fêmeas quando namoriscam para indicar que estão dispostas e prontas a reproduzir-se.

CORES: Atualmente, os Betta estão disponíveis em muitas cores brilhantes e padrões de cores, e com barbatanas incríveis. Tanto os machos como as fêmeas foram desenvolvidos através de reprodução selectiva. Esta espécie tem duas formas primárias de mutação: uma forma xantorosa (um excesso de pigmentação amarela) e uma forma negra, a partir das quais se desenvolveram múltiplas variedades.

As cores azul e vermelha foram as primeiras e as mais fáceis de desenvolver. Seguiram-se-lhes o magenta, o laranja, o branco, o amarelo, o preto, o turquesa, o azul escuro, o azul brilhante com reflexos cor-de-rosa, o creme e as cores verde-escuras. Os padrões de mármore e borboleta surgiram em combinações destes, como o roxo e o azul. Há também tons metálicos como cobre, ouro, platina e um branco "opaco". Estes foram obtidos através do cruzamento do *B. splendens com* outras espécies de Betta.

FINNAGE: Os Bettas foram criados seletivamente para terem uma barbatana mais comprida e de várias formas. Algumas destas formas incluem:

Betta Plakat, Betta de barbatana curta

Este é o Betta de barbatanas curtas, estilo lutador, tal como se encontra na sua forma natural e selvagem.

Betta de cauda redonda, Betta de cauda única

São Bettas de cauda única que têm barbatanas com bordas arredondadas. São frequentemente confundidos com o Betta de cauda delta e até com o Betta de cauda super delta.

Betta Rabo de Véu

O Betta mais comum é o "cauda de véu". Este peixe tem um comprimento de barbatana alargado, uma cauda não simétrica, e os raios da barbatana caudal normalmente só se dividem uma vez. A barbatana de cauda em véu também é vista em vivíparos bem conhecidos como a Molinésia, a Platy e o Guppy, bem como no Peixe Dourado de cauda em véu.

Betta Rabo de Coroa, Betta Rabo de Fringeta

Nestes, os raios das barbatanas estendiam-se muito para além da membrana, dando à cauda a aparência de uma coroa.

Betta Rabo de Pente

Trata-se de uma versão menos alargada do Crown Tail. É desenvolvida através do cruzamento de um Crown Tail com outro tipo de barbatana.

Betta Meio-Sol

Esta é uma variedade Combtail com a barbatana caudal a 180 graus, como no Betta Meia-Lua.

Betta Meia-Lua

É aqui que a barbatana caudal forma um "D" num ângulo de 180 graus, com bordos nítidos e rectos.

Delta Tail Betta

Esta variedade tem uma barbatana caudal com um ângulo inferior ao ângulo de 180 graus encontrado na Meia-Lua, mas também tem bordos nítidos e rectos.

Super Delta Tail Betta

Trata-se basicamente de uma versão melhorada do Delta Tail padrão, e alguns são apenas tímidos para serem Betta Meia-Lua completos.

Betta Meia-Lua Plakat, Betta Meia-Lua de barbatana curta

Este é um cruzamento entre o Plakat Betta e o Half-Moon Betta

Betta Mais de Meia-Lua

Esta é uma barbatana caudal mais extensa do que a encontrada na Meia-Lua. Aqui a barbatana caudal em forma de "D" tem mais de 180 graus. É desenvolvida através do cruzamento de meias-luas reprodutoras, mas por vezes as barbatanas são demasiado grandes para o peixe, o que faz com que este nade de forma incorrecta.

Betta de cauda rosa

Esta é uma bela variação do Betta Meia-Lua em que as barbatanas são tão grandes que se sobrepõem e parecem os pedais de uma rosa.

Betta de cauda dupla

Nesta variedade, a barbatana dorsal é muito alongada e tem o mesmo comprimento que a
barbatana anal. A barbatana caudal está dividida em dois lóbulos duplicados.

Betta Orelha de Elefante

Tal como o nome indica, este Betta tem barbatanas muito compridas e semelhantes a orelhas.

Betta Cauda de Espada

Esta forma de cauda não é vista com tanta frequência desde os anos 90, mas é uma barbatana caudal com uma base larga que se estreita até uma ponta delicada, como uma pá.

Os machos coloridos e vistosos são os mais comuns, mas as fêmeas, que outrora eram um peixe bastante monótono, estão agora disponíveis em cores e barbatanas muito mais intensas. Mesmo assim, as fêmeas não atingem as mesmas barbatanas vistosas nem a mesma intensidade de cor que os machos do mesmo tipo.

Tamanho do peixe - polegadas: 2,8 polegadas (7,01 cm) - Este peixe atingirá entre 2 1/2 a 3 polegadas (6 - 7 cm) de comprimento.

Tempo de vida: 3 anos - O seu tempo de vida geral é de 2 a 3 anos.

Dificuldade na criação de peixes

Trata-se de um peixe resistente e é uma boa escolha para os principiantes. São pouco exigentes e, devido ao seu tamanho, podem ser mantidos num aquário mais pequeno. São comedores resistentes e aceitam prontamente uma grande variedade de alimentos. São normalmente comercializados como peixes comunitários, mas é preciso ter cuidado porque os machos lutam entre si. Os machos devem ser mantidos individualmente ou aos pares, mas ficam bem numa comunidade mista com outros peixes muito pacíficos, de tamanho semelhante e com um aspeto menos colorido.

Alimentos e alimentação

Embora os peixes combatentes siameses sejam omnívoros e comam algumas algas verdes na natureza, a sua dieta é principalmente carnívora. Na natureza, alimentam-se principalmente de zooplâncton, larvas de insectos, crustáceos e insectos aquáticos. No aquário, comem geralmente todo o tipo de alimentos proteicos vivos, frescos e secos. Para manter um bom equilíbrio, dê-lhes todos os dias um pellet de proteínas de alta qualidade ou comida em flocos. Comem de bom grado alimentos concebidos para Bettas, mas também lhes dão artémia (viva ou congelada) ou vermes sanguíneos. Geralmente, alimente-os uma ou duas vezes por dia.

Nos últimos anos, surgiu a confusão sobre as necessidades alimentares destes peixes. A tendência de colocar um vaso de vidro coberto com uma planta para criar um ambiente decorativo, levou as pessoas a pensar que estes peixes comem as raízes das plantas. No entanto, estes peixes não comem as raízes das plantas e devem ser alimentados com uma dieta proteica.

Tipo de dieta: Omnívoro - Embora comam algumas algas verdes na natureza, a sua dieta é principalmente carnívora.

Alimentos em flocos: Sim

Comprimidos em pellets: Sim

Alimentos vivos (peixes, camarões, vermes): Parte da dieta

Comida de carne: Toda a dieta

Frequência de alimentação: Várias alimentações por dia - Geralmente, alimenta-se uma ou duas vezes por dia.

Cuidados com o aquário

Estes peixes são extremamente resistentes e embora o órgão labiríntico permita que os peixes sobrevivam em águas com pouco oxigénio, é um equívoco comum pensar que isto torna as mudanças de água desnecessárias. Este não é o caso, uma vez que estes peixes sofrerão os mesmos danos nos tecidos devido à acumulação de toxinas que qualquer outro peixe. As mudanças regulares de água são obrigatórias, recomendando-se 25% por semana.

Mudanças de água: Semanalmente - Recomenda-se uma mudança semanal de água de 25%.

Configuração do aquário

O Betta ou Peixe Lutador Siamês nadará em todas as partes do aquário. Este peixe é bastante resistente e adapta-se à maioria das condições do aquário. Como todos os outros anabantóides, o seu "órgão labiríntico" especial permite-lhe sobreviver em águas com pouco oxigénio. Por este motivo, podem sobreviver em espaços mais pequenos. Um aquário de tamanho mínimo para um único exemplar seria de 3 galões se mantido numa sala quente e com manutenção regular. No entanto, o seu melhor desempenho será num aquário maior, com filtragem adequada e um aquecedor, juntamente com manutenção regular. Recomenda-se um aquário de 10 galões. Providencie uma circulação suave da água e algumas plantas de aquário robustas. O aquário deve ser coberto para evitar saltos.

O aquário deve ser decorado de forma a permitir que tanto os peixes dominantes como os de personalidade mais calma vivam felizes. Isto significa a construção de alguns esconderijos e alguma cobertura da superfície. Os peixes de personalidade dominante mostram melhor as suas cores num substrato escuro e precisam de algumas plantas de aquário resistentes para fornecer à fêmea locais para se esconder. Esta espécie aprecia alguma cobertura com plantas flutuantes, mas não se esqueça de deixar algumas áreas abertas para que possam engolir água à superfície.

Esta espécie é frequentemente submetida a aquários tão pequenos como 1/4 de galão, mas esta configuração é muito dura para o peixe. Embora o peixe esteja equipado com um órgão labiríntico que lhe permite sobreviver em águas com pouco oxigénio durante curtos períodos de tempo, este peixe sofrerá os mesmos danos nos tecidos causados por picos de amónia e nitratos que qualquer outra espécie. Isto é quase impossível de evitar num aquário muito pequeno.

Tamanho mínimo do aquário: 11 litros (3 galões) - Um macho pode ser mantido num aquário de 3 galões, mas um par ou numa comunidade dar-se-á melhor num aquário de 5 a 10 galões.

Adequado para Nano Tank: Sim

Tipo de substrato: Qualquer

Necessidades de iluminação: Moderada - iluminação normal

Temperatura: 75,0 a 86,0° F (23,9 a 30,0° C) - Mantenha a temperatura ambiente consistente com a temperatura da água para evitar traumas no órgão do labirinto.

Temperatura de reprodução: 80,0° F - As temperaturas óptimas de reprodução variam entre 79 -82° F (26-28° C).

Gama ph: 6.0-8.0

Gama de dureza: 5 - 35 dGH

Salobra: Não

Movimento da água: Fraco - Não se sente à vontade com correntes de água fortes.

Região aquática: Todas - Estes peixes habitam todos os níveis do aquário.

9.11 Danio rerio (peixe-zebra)

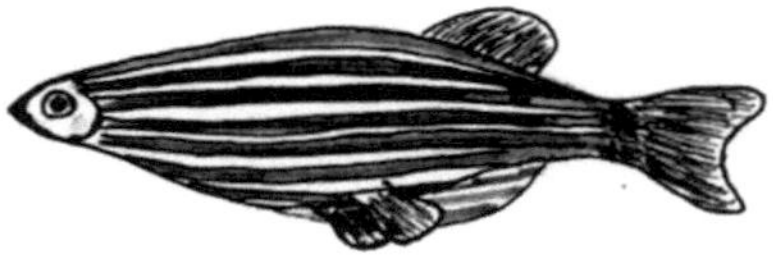

0.Tamanho do peixe - polegadas: 2,4 polegadas (5,99 cm)

Tamanho mínimo do tanque: 10 gal (38 L)

9. DANIO RERIO

Temperamento: Tranquilo

Resistência do aquário: Muito resistente

Temperatura: 64,0 a 75,0° F (17,8 a 23,9° C), Nível de experiência do aquarista: Principiante

Habitat: Distribuição / Antecedentes

O Danio zebra *Danio rerio* (anteriormente *Brachydanio rerio)* foi descrito por Hamilton em 1822. Encontram-se na Ásia, desde o Paquistão até à Índia e até Myanmar. Ocorrem no rio Kosi em Uttar Pradesh, no norte da

Índia, e em menor número no Nepal, Butão e Bangladesh. Esta espécie está incluída na Lista Vermelha da IUCN como sendo Pouco Preocupante (LC), uma vez que se encontra disseminada por toda a sua área de distribuição, sem grandes ameaças identificadas. Outros nomes comuns pelos quais esta espécie é conhecida incluem Zebrafish, Striped Danio e Zebra Fish.

Existem dezenas de variações deste Danio, sendo que o Albino Zebra Danio é um morfo de cor que ocorre naturalmente. Atualmente, são criadas em cativeiro muitas variedades e formas de cor, incluindo o Albino, o Longfin, o Golden, o Sandy e o Leapard Zebra Danios. Uma variedade introduzida mais recentemente é um genoma de peixe-zebra (Danio rerio) conhecido como "Glo-fish". Trata-se de um pequeno peixe geneticamente modificado desenvolvido por cientistas. Ao adicionar um gene fluorescente natural ao peixe, que absorve a luz e depois a reemite, espera-se poder detetar contaminantes nos cursos de água. Embora os peixes-globo sejam talvez os peixes mais controversos da aquariofilia, atualmente não se conhecem efeitos adversos para os peixes ou para o ambiente. Tornaram-se comercialmente disponíveis nos Estados Unidos no final de 2003 e são oferecidos em belas cores fluorescentes de vermelho vivo, verde, amarelo alaranjado, azul e roxo.

Este peixe habita as zonas baixas dos cursos de água, canais, valas e lagoas. O seu habitat varia muito consoante a época do ano. Os adultos são encontrados em grande número em charcos sazonais e arrozais durante a estação das chuvas, onde desovam e se alimentam. Trata-se de águas paradas com um substrato sedimentar e com muita vegetação. Os adultos regressam depois às águas mais rápidas dos rios e ribeiros durante a estação seca, onde o substrato é normalmente rochoso e sombrio. As crias permanecem nas águas paradas até à maturidade, altura em que também migram para os rios. Na natureza, estes peixes são considerados micropredadores e alimentam-se de vermes, pequenos crustáceos aquáticos, insectos e larvas de insectos.

Nome científico: *Danio rerio*

Agrupamento social: Grupos

Lista Vermelha da IUCN: LC - Pouco Preocupante

Descrição

O Zebra Danio tem um corpo esguio e comprimido. Tem um barbilho na extremidade de cada lábio. São peixes pequenos que atingem comprimentos de apenas 7 cm no aquário, embora possam ser ligeiramente maiores num lago. Pensa-se que na natureza são principalmente uma espécie anual, mas em cativeiro podem ter uma longevidade de 3 a 4 anos, embora alguns tenham vivido até 5 anos e meio com os devidos cuidados.

O corpo desta espécie tem um fundo amarelo muito pálido a branco, marcado por cinco riscas horizontais azul aço que se esbatem nas barbatanas e se estendem até à barbatana caudal.

Algumas variedades e morfos de cor deste peixe incluem:

Danio zebra de barbatana longa

Trata-se apenas do Zebra Danio criado seletivamente para ter barbatanas mais longas. A sua popularidade quase ultrapassou a da variedade tradicional.

Danio leopardo & Danio leopardo de barbatana longa

Embora por vezes separado como uma espécie diferente, o Danio Leopardo é, na verdade, uma espécie criada em cativeiro e desenvolvida por um cientista checo. Em vez de ter riscas, os lados deste peixe são adornados com manchas azuis. Estes peixes podem facilmente formar cardumes com os Danios Zebra normais, e podem mesmo reproduzir-se juntos. A variedade de barbatanas longas foi criada para ter uma cauda e barbatanas alargadas.

Danio híbrido

O Danio Híbrido é uma outra variedade de cores para aqueles de nós que não conseguem escolher entre manchas e riscas. O seu lado é manchado até meio do corpo, altura em que as manchas se condensam em riscas. Os dânios híbridos são relativamente novos no hobby. Também se podem reproduzir com o Danio Leopardo ou com o Danio Zebra mas a descendência não se manterá fiel à coloração dos progenitores.

Danio zebra dourado

Este peixe é uma versão dourada do Danio Zebra, ao qual foram retiradas as riscas azuis. Este peixe pode por vezes ser confundido com o Danio Pérola *Danio albolineatus,* que é uma espécie completamente diferente.

Danio zebra albino

Esta forma de coloração é um fenómeno natural, que se caracteriza pela ausência de pigmentos na superfície do corpo do peixe. Também não deve ser confundido com o Danio Pérola.

"Peixe-gigante"

Este pequeno peixe é um genoma de peixe-zebra (Danio rerio) introduzido mais recentemente. Foi geneticamente modificado para apresentar coloração fluorescente vermelha, verde, amarelo-alaranjada, azul e roxa. Também brilham no escuro ou sob uma luz negra. Os seus cuidados não variam em relação ao Zebra Danio natural.

Tamanho do peixe - polegadas: 2,4 polegadas (5,99 cm)

Tempo de vida: 4 anos - Têm uma esperança média de vida de cerca de 3 anos e meio, embora alguns tenham vivido até 5 anos e meio com os cuidados adequados.

Dificuldade na criação de peixes

O Zebra Danio é uma óptima escolha para principiantes e é um ótimo companheiro num aquário comunitário. Estes peixes comem praticamente tudo o que lhes é oferecido, desde que flutue à superfície onde possam consumi-lo facilmente. Toleram mudanças nas condições da água sem grandes problemas e podem até ser mantidos sem aquecedor.

Resistência do aquário: Muito resistente

Nível de experiência do aquarista: Iniciante

Alimentos e alimentação

Estes peixes são omnívoros, alimentando-se principalmente de uma variedade de vermes, pequenos crustáceos e larvas de insectos na natureza. No aquário comem quase todos os alimentos preparados ou vivos, embora estes tenham de flutuar à superfície. Gostam de perseguir as minhocas tubifex, vivas ou liofilizadas. Estes peixes dão-se melhor quando lhes é oferecida comida várias vezes por dia, mas em cada refeição oferecem o que conseguem comer em 3 minutos ou menos. Se alimentar apenas uma vez por dia, ofereça o que eles podem comer em cerca de 5 minutos.

Tipo de dieta: Omnívoro

Alimentos em flocos: Sim

Comprimidos em pellets: Sim

Alimentos vivos (peixes, camarões, vermes): Parte da dieta

Alimentos vegetais: parte da dieta

Alimentos à base de carne: Parte da dieta

Frequência de alimentação: Várias refeições por dia - Ofereça apenas o que ele pode consumir em 3 minutos ou menos com várias refeições por dia.

Cuidados com o aquário

Estes peixes são fáceis de cuidar, necessitando apenas de manter a água limpa. Os aquários são sistemas fechados e, independentemente do tamanho, todos precisam de alguma manutenção. Com o tempo, a matéria orgânica em decomposição, os nitratos e os fosfatos acumulam-se e a dureza da água aumenta devido à evaporação. Substitua 25 a 50% da água do aquário pelo menos uma vez por mês. Se o aquário for densamente povoado, 20 a 25% devem ser substituídos semanalmente ou de duas em duas semanas.

Mudanças de água: Mensalmente - Se o aquário estiver densamente povoado, as mudanças de água devem ser efectuadas de duas em duas semanas.

Configuração do aquário

O Zebra Danio é uma espécie de cardume que passará a maior parte do tempo nas regiões superior e média, particularmente se houver água aberta ou corrente de água. Este peixe é bastante resistente e adaptar-se-á à maioria das condições de aquário. As águas que habitam na natureza são ácidas, mas o stock atualmente disponível na aquariofilia já ultrapassou esta situação há muitas gerações. Embora um cardume de dânios possa ser mantido num aquário mais pequeno, eles dar-se-ão melhor num de cerca de 20 galões. O aquário deve ter uma boa filtragem e deve ser coberto, pois estes peixes podem saltar.

Estes peixes são mais eficazmente expostos em aquários que simulam o seu habitat natural para realçar as suas cores. Usar um substrato de areia ou gravilha fina de cor escura e fornecer uma variedade de plantas fará com que se sintam seguros. Algumas boas selecções incluem glicínias de água, chifres e musgo de Java. Tal como acontece com a maioria dos ciprinídeos, estes peixes sentem-se mais à vontade em aquários bem plantados, mas como são nadadores extremamente activos também precisam de algumas áreas abertas para nadar.

Tamanho mínimo do tanque: 10 gal (38 L)

Adequado para Nano Tank: Sim

Tipo de substrato: Qualquer

Necessidades de iluminação: Moderada - iluminação normal

Temperatura: 64,0 a 75,0° F (17,8 a 23,9° C)

Gama ph: 6.0-8.0

Gama de dureza: 2 - 20 dGH

Salobra: Não

Movimento da água: Fraco

Região da água: Todas - Passam a maior parte do tempo nas regiões superior e média do aquário, especialmente se houver água aberta ou alguma corrente.

Comportamentos sociais

O animado Zebra Danio é um bom peixe de comunidade. Dá-se bem com a sua própria espécie e com a maioria das outras espécies. O melhor é mantê-lo num cardume de 5 ou mais exemplares da sua espécie. Os grupos deste peixe podem ser hierárquicos e pode surgir uma ordem de bicada no cardume, mas não resultará em nada. Selecione companheiros de aquário com temperamento semelhante. Os companheiros de aquário devem ser capazes de acompanhar o estilo de vida acelerado deste Danio. Os peixes mais pequenos que precisam de um ambiente menos agitado podem ficar stressados.

Temperamento: Pacíficos - São bons peixes comunitários com outros companheiros de aquário que também se movam rapidamente.

Compatível com:

Mesma espécie - conspecíficos: Sim - É preferível mantê-los em grupos de 5 ou mais.

Peixe pacífico (): Seguro - Os companheiros de aquário têm de ser capazes de tolerar a natureza animada desta espécie.

Semi-Agressivo (): Monitorizar

Agressivo (): Ameaça

Grande Semi-Agressivo (): Ameaça

Grande Agressivo, Predador (): Ameaça

Nadadores Lentos e Comedores (): Monitor - Grandes grupos de Zebra Danios podem deixar estes peixes nervosos devido ao seu nível de atividade.

Camarões, caranguejos, caracóis: Seguro - não agressivo

Plantas: Seguro

Sexo: Diferenças sexuais

As fêmeas são geralmente mais coloridas e os machos têm um corpo mais esguio e fino.

Reprodução / Reprodução

Os Zebra Danios são muito fáceis de reproduzir, e isso pode mesmo acontecer por acidente. Dois peixes formarão um par reprodutor que muitas vezes se mantém para toda a vida. Se quiser reter as crias, o aquário de reprodução deve estar vazio, exceto com uma camada de dois centímetros de grandes berlindes de vidro, com 1/2 a 1 polegada de diâmetro. Coloque a fêmea no aquário e deixe-a assentar durante cerca de um dia antes de colocar o macho. Quando ambos estiverem no aquário, adicionar alguns copos de água fria fará com que a corte comece.

Se as condições forem favoráveis, a fêmea libertará os seus ovos em águas abertas e o macho fertilizá-los-á. Os ovos afundam-se no fundo e caem através dos berlindes, fora do alcance dos pais. Os alevins saem dos berlindes após cerca de 7 dias. Nessa altura ou antes, os pais devem ser retirados ou mantidos constantemente bem alimentados. Ver a descrição das técnicas de reprodução em: Criação de peixes de água doce: barbos. Ver também Alimentação dos alevins para obter informações sobre os tipos de alimentos para criar os juvenis.

Facilidade de reprodução: Fácil

Doenças dos peixes

Os Zebra Danios são extremamente resistentes, pelo que as doenças não são normalmente um problema num aquário bem mantido. São principalmente susceptíveis de contrair iterícia se a qualidade da água não for boa. Qualquer coisa que se adicione ao aquário pode também trazer doenças. Não só os outros peixes mas também as plantas, o substrato e as decorações podem albergar bactérias. Tenha muito cuidado e certifique-se que limpa corretamente ou coloca em quarentena tudo o que adicionar a um aquário já estabelecido para não perturbar o equilíbrio.

Estes peixes são muito resistentes mas conhecer os sinais de doença, apanhá-los e tratá-los cedo faz uma enorme diferença. Um surto de doença pode muitas vezes ser limitado a apenas um ou alguns peixes se for tratado numa fase inicial. A melhor maneira de prevenir proactivamente as doenças é dar aos seus peixes o ambiente adequado e uma dieta bem equilibrada. Quanto mais próximo do seu habitat natural, menos stress o peixe terá, tornando-o mais saudável e feliz. Um peixe stressado tem mais probabilidades de contrair doenças. Para informação sobre doenças e enfermidades dos peixes de água doce, ver Doenças e Tratamentos dos Peixes de Aquário.

9.12 Gourami beijoqueiro (Kissing Fish, Pink Kissing Gourami, Green Kisser)

Tamanho do peixe - polegadas: 11,8 polegadas (30,00 cm)

Tamanho mínimo do tanque: 75 gal (284 L)

Temperamento: Semi-agressivo

Resistência do aquário: Moderadamente resistente

Temperatura: 72,0 a 82,0° F (22,2 a 27,8° C)

Nível de experiência aquarística: Intermediário

Habitat: Distribuição / Antecedentes

O gourami beijador *Helostoma temminkii* foi descrito pela primeira vez por Cuvier em 1829 e batizado com o nome de um médico holandês, Temminck. Encontram-se na Ásia tropical, desde a Tailândia até à Indonésia, em Sumatra, Bornéu, Java, Camboja, Península Malaia e possivelmente no leste de Myanmar (Birmânia). Este é um género monotípico que contém apenas esta única espécie. Os sinónimos *Helostoma temmincki* e *Helostoma temminckii foram* também usados anteriormente para este peixe. Estes termos são também descrições originais para esta espécie e, embora possam ser encontrados na literatura anterior, já não são considerados válidos.

Outros nomes comuns por que é conhecido incluem Kisser Fish e Kisser. Existem duas formas de cores naturais, verde-acinzentado e cor-de-rosa. A forma verde-acinzentada é originária da Tailândia e é conhecida como Green Kisser ou Green Kissing Gourami. A forma cor-de-rosa é encontrada a sul, na Indonésia, e é conhecida como Pink Kisser ou Pink Kissing Gourami.

Esta espécie está incluída na Lista Vermelha da IUCN como Pouco Preocupante (LC). A ocorrência desta espécie é muito vasta, é comum em toda a sua área de distribuição e quaisquer declínios populacionais não são considerados significativos. Esta espécie é cultivada nos seus países de origem como um peixe alimentar popular e também para o comércio de aquário. A forma cor-de-rosa é muito propagada em cativeiro e é a mais frequentemente vista pelos aquariofilistas. Ainda juvenis, são exportados em grandes quantidades para o Japão, Europa, América do Norte, Austrália e outras partes do mundo

Na natureza, estes peixes ocorrem em lagos e rios, bem como em canais, lagoas e pântanos. Habitam águas pouco profundas, de movimento lento e com muita vegetação. São omnívoros por natureza e alimentam-se de algas bentónicas, de uma variedade de plantas, de zooplâncton e de insectos aquáticos perto da superfície da água. ***Nome científico:*** *Helostoma temminkii*

Agrupamento social: Grupos - Na natureza esta espécie vive em comunidade com outras espécies.

Lista Vermelha da IUCN: LC - Pouco Preocupante

Descrição

O corpo do Gourami Beija-Flor é fortemente comprimido e profundo. As suas barbatanas peitorais são grandes, arredondadas e baixas e a barbatana caudal é arredondada a côncava. Este peixe possui também um órgão labiríntico, que é um órgão respiratório que lhe permite absorver o oxigénio atmosférico diretamente na corrente sanguínea. A caraterística mais distintiva deste peixe é a sua boca. A boca tem lábios grossos e carnudos com dentes finos na superfície interna. O nome "Beijador" deriva, na verdade, da ação da sua boca, que utiliza os lábios e os dentes para raspar as algas da superfície das rochas ou do vidro do aquário. Têm uma esperança de vida média de 6 a 8 anos mas podem viver mais tempo, mais de 20 anos, se receberem cuidados adequados.

Estes peixes têm duas formas de cor selvagem que ocorrem naturalmente, verde-acinzentado e cor-de-rosa. A forma verde é cinzenta a verde com riscas horizontais e barbatanas escuras. A outra forma é cor-de-rosa a rosa alaranjado com barbatanas transparentes. Uma mutação da forma cor-de-rosa está também a ser criada em cativeiro. Trata-se de uma variedade "anã" que é mais pequena e redonda e é conhecida como o Gourami Beija-Flor Rosa Balão, Gourami Beija-Flor Balão e Peixe Beija-Flor Anão.

Tamanho do peixe - polegadas: 11,8 polegadas (30,00 cm) - Na natureza podem atingir quase 30 cm, mas no aquário têm normalmente cerca de 12 a 15 cm.

Tempo de vida: 6 anos - Em média, têm um tempo de vida de 6 a 8 anos, embora sejam conhecidos por viverem mais de 20 anos com bons cuidados.

Dificuldade na criação de peixes

São peixes resistentes, mas precisam de um aquário de pelo menos 40 litros e podem tornar-se beligerantes ou territoriais quando adultos. É melhor mantê-los com outros peixes grandes ou num aquário só de espécies. Devido ao seu tamanho e temperamento são sugeridos para um aquariofilista com uma quantidade moderada de experiência.

Resistência do aquário: Moderadamente resistente

Nível de experiência aquarística: Intermediário

Alimentos e alimentação

Os Gouramis Beija-Flor são omnívoros, na natureza alimentam-se de algas bentónicas, uma variedade de plantas, zooplâncton e insectos aquáticos. No aquário, estes peixes comem geralmente todo o tipo de alimentos vivos, frescos e em flocos. Um alimento de qualidade em flocos ou em pellets constitui uma boa base para a dieta, mas é importante complementá-la com alimentos carnudos. A suplementação pode incluir vermes brancos, vermes sanguíneos, artémia ou qualquer outro substituto adequado. Podem também ser oferecidos legumes frescos ou pastilhas de legumes, tais como bolachas de algas spirulina. Geralmente, alimentar uma ou duas vezes por dia.

Tipo de dieta: Omnívoro

Alimentos em flocos: Sim

Comprimidos em pellets: Sim

Alimentos vivos (peixes, camarões, vermes): Parte da dieta

Alimentos vegetais: parte da dieta

Alimentos à base de carne: parte da dieta

Frequência de alimentação: Diariamente - Geralmente, alimenta-se uma ou duas vezes por dia.

Cuidados com o aquário

Estes gouramis são peixes extremamente resistentes. Embora o órgão labiríntico permita que os peixes sobrevivam em águas com pouco oxigénio, é um equívoco comum pensar que isto torna as mudanças de água desnecessárias. Este não é o caso, uma vez que estes peixes sofrerão os mesmos danos nos tecidos devido à acumulação de toxinas que qualquer outro peixe. As mudanças regulares de água são obrigatórias, recomendando-se 25% por semana. Quando se limpam as algas dos lados do aquário, o vidro traseiro deve ser deixado em paz pois estes peixes alimentam-se das algas aí existentes.

Mudanças de água: Semanalmente - Recomenda-se uma mudança semanal de água de 25%.

Configuração do aquário

O Gourami Beija-Flor nadará em todas as áreas, mas gosta especialmente da parte central e superior do aquário. Como peixe pequeno pode ser alojado em aquários mais pequenos, mas como adulto precisará de um aquário de pelo menos 40 litros ou maior. Os peixes engolem água à superfície para assegurar uma ingestão adequada de oxigénio, pelo que devem ter acesso a uma grande área de superfície desobstruída. É desejável manter o aquário numa sala com uma temperatura tão próxima quanto possível da água do aquário, sob pena de danificar o órgão do labirinto. O aquário deve ter um sistema de filtragem eficiente mas não deve criar demasiada corrente. Estes peixes serão incomodados por demasiado movimento da água e isso pode causar-lhes stress, especialmente se o aquário for pequeno.

Estes gouramis mostrarão melhor as suas cores num substrato escuro. Um substrato de cascalho grande com algumas rochas de rio funciona muito bem para evitar escavações e para fornecer áreas de superfície para o crescimento de algas. O aquário deve ser decorado de forma a permitir algumas áreas de retiro, algumas madeiras flutuantes e rochas podem servir para isso. As plantas não são necessárias mas são apreciadas. No entanto, tenha em mente que as plantas são uma parte natural da sua dieta e estes peixes são conhecidos por as comerem. O feto de Java ou o musgo de Java são óptimas escolhas, pois são espécies resistentes e difíceis de comer, basicamente não comestíveis, e as plantas artificiais podem ser um substituto útil. Apreciarão também a cobertura de plantas flutuantes, mas respiram regularmente ar à superfície, pelo que é importante ter algumas zonas livres e, mais uma vez, poderão mordiscá-las.

Tamanho mínimo do aquário: 75 galões (284 L) - Os juvenis podem ser mantidos num aquário mais pequeno, mas os adultos precisam de muito mais espaço, sugerindo-se 75 galões ou mais.

Adequado para Nano Tank: Não

Tipo de substrato: Cascalho grande

Necessidades de iluminação: Moderada - iluminação normal

Temperatura: 22,2 a 27,8° C (72,0 a 82,0° F) - Manter a temperatura ambiente consistente com a temperatura da água para evitar traumas no órgão do labirinto.

Temperatura de reprodução: - Reproduzem-se com temperaturas de água normais.

Gama ph: 6.0-8.8

Gama de dureza: 5 - 35 dGH

Salobra: Não

Movimento da água: Moderado - Este peixe não gosta de uma corrente forte no aquário, especialmente se o aquário for pequeno.

Região aquática: Topo - Estes gouramis habitam principalmente as zonas superior e intermédia do aquário.

Comportamentos sociais

O Gourami Beijo é geralmente considerado um bom peixe comunitário quando pequeno, mas não é tão pacífico quando adulto. São conhecidos por atacarem peixes mais pequenos e por vezes até grandes companheiros de aquário. Quando crescerem devem ser mantidos apenas com peixes do seu próprio tamanho ou num aquário de espécies. Os indivíduos mostram diferentes graus de agressividade. Alguns são tolerantes com os seus companheiros de aquário, enquanto outros são muito beligerantes e tratam os seus companheiros de forma bastante rude.

Podem ser mantidos com a sua própria espécie mas não devem ser amontoados. Estes peixes, como é típico da família, estão constantemente empenhados em resolver os pormenores da hierarquia. Ambos os sexos do peixe-beijo praticam muitas vezes uma ação de "beijar", em que se unem com os lábios, empurram e depois soltam rapidamente. Esta ação de "beijar" nunca é fatal por si só, mas pode causar grande stress aos companheiros de tanque menos dominantes.

Uma mistura de grandes personalidades neutras é o objetivo ideal para a gama de companheiros de aquário. Não se deve incluir peixes que provoquem a agressividade desta espécie, uma vez que são frequentemente lutadores apaixonados. Os beliscadores de barbatanas nunca devem ser misturados com gouramis. As barbatanas pélvicas e os movimentos geralmente mais lentos deste peixe fazem dele o alvo perfeito. O gourami beijador é também um caçador hábil e os peixes extremamente pequenos ou os alevins raramente duram muito tempo.

Temperamento: Semi-agressivos - São geralmente pacíficos enquanto juvenis mas quando adultos são territoriais, alguns são tolerantes com peixes de tamanho semelhante enquanto outros se tornam beligerantes com os companheiros de aquário.

Compatível com:

Mesma espécie - conspecíficos: Sim - Estes peixes lutam entre si e os machos são territoriais e agressivos aquando da reprodução.

Peixe pacífico (): Monitor

Semi-Agressivo (): Monitorizar

Agressivo (): Ameaça

Grande Semi-Agressivo (): Monitor

Grande Agressivo, Predador (): Ameaça

Nadadores e Comedores Lentos (): Monitor - Os gouramis podem ser rápidos na hora da alimentação. Certifique-se que os peixes que não são tão rápidos são alimentados se os mantiver com gouramis.

Camarões, caranguejos e caracóis: Podem ser agressivos

Plantas: Ameaça

Sexo: Diferenças sexuais

Não há diferenças visíveis, embora na altura da reprodução as fêmeas tenham o ventre muito mais redondo quando estão cheias de ovos.

Reprodução / Reprodução

O gourami beijador é um pouco mais difícil de reproduzir do que outros gouramis. Precisam de um aquário grande para desovar e é impossível determinar os sexos, exceto quando as fêmeas estão cheias de ovos. Ao contrário da maioria dos peixes labirinto, não são construtores de ninhos de bolhas. São dispersores de ovos em águas abertas mas depositarão os ovos debaixo de uma folha, se esta estiver disponível na altura da postura. Os ovos e as crias são mais leves do que a água e flutuam para cima. Após a desova, não há cuidados parentais e os ovos são esquecidos.

Um par terá mais probabilidades de desovar se o aquário de reprodução for bastante grande e houver uma superfície de bom tamanho com uma boa quantidade de folhas, juntamente com algumas áreas abertas. É melhor tentar obter pares criando vários peixes até ao tamanho de reprodução, aproximadamente 12 cm de comprimento. Devem ser bem condicionados com pequenas ofertas de alimentos vivos e congelados várias vezes ao dia. Quando estiverem bem alimentados e prontos para desovar, ambos os sexos escurecerão. As fêmeas devem começar a encher-se de ovos, com o ventre a tornar-se arredondado. Estas fêmeas não serão tão redondas como as de outras espécies de gouramis, mas o suficiente para as diferenciar dos machos. A partir deste grupo, pode selecionar os seus pares.

O aquário de reprodução deve ter uma profundidade mínima de 60 cm e um comprimento mínimo de 91 cm ou mais. A água deve ser macia e ligeiramente ácida a neutra com um pH de 6,8 - 8,5. As temperaturas normais da água entre 22 e 28 graus centígrados (72 e 82 graus Fahrenheit) são óptimas. Pode adicionar um pequeno filtro de esponja movido a ar ou alguma filtragem de turfa, mas a corrente do aquário deve ser mínima. Faça flutuar algum material vegetal à superfície para os ovos aderirem. Podem ser utilizadas plantas de folhas finas como a glicínia-de-água, a erva-dos-chifres, o mil-folhas ou a ambúlia-gigante. Mas também pode utilizar folhas de alface, pois estas começam a deteriorar-se rapidamente e a albergar bactérias e infusórios de que os juvenis recém-eclodidos se alimentam.

Um par de adultos saudáveis deve ser introduzido no aquário de reprodução. O macho começa a cortejar a fêmea, nadando à sua volta com as barbatanas abertas, mas ela afasta-o até estar pronta. Quando a fêmea estiver pronta, tornar-se-á ativa e instigará a postura empurrando o macho na barriga várias vezes. Nessa altura, ambos começam a bater as caudas progressivamente mais depressa, até acabarem boca a boca. O macho abraça então a fêmea e vira-a de cabeça para baixo. A desova segue-se com o macho a tremer e a fêmea liberta alguns ovos que flutuam à superfície. Cada postura torna-se progressivamente maior, inicialmente cerca de 20 ovos são libertados, aumentando até 200. Continuam a desovar até libertarem milhares de ovos, não sendo invulgar a libertação de até 10.000 ovos.

Embora os progenitores ignorem geralmente os ovos, sabe-se que começam a comê-los depois de terminado o período de postura, pelo que é melhor retirá-los nessa altura. Os ovos eclodem em cerca de 17 horas e os alevins ficam a nadar livremente durante mais 2 1/2 a 3 dias. Os alevins que nadam livremente podem ser alimentados com infusórios ou com um alimento líquido para alevins até serem suficientemente grandes para comerem artémia bebé. Ver a descrição das técnicas de reprodução em: Criação de peixes de água doce: Anabantoides. Ver também Alimentação dos alevins para obter informações sobre os tipos de alimentos para criar os juvenis.

Facilidade de reprodução: Moderada

Doenças dos peixes

Os gouramis beijadores são muito resistentes, pelo que as doenças não são normalmente um problema num aquário bem mantido. Algumas doenças a que estão sujeitos são infecções bacterianas, prisão de ventre e buraco na cabeça se não houver uma boa qualidade de água, nutrição e manutenção. Com qualquer adição a um aquário, como novos peixes, plantas, substratos e decorações, existe o risco de introduzir doenças. É aconselhável limpar corretamente ou colocar em quarentena qualquer coisa que se queira adicionar a um aquário já estabelecido antes da sua introdução, de modo a não perturbar o equilíbrio.

Estes peixes são muito resistentes mas conhecer os sinais de doença, apanhá-los e tratá-los cedo faz uma enorme diferença. Um surto de doença pode muitas vezes ser limitado a apenas um ou alguns peixes se for tratado numa fase inicial. A melhor maneira de prevenir proactivamente as doenças é dar aos seus peixes o ambiente adequado e uma dieta bem equilibrada. Quanto mais próximo do seu habitat natural, menos stress o peixe terá, tornando-o mais saudável e feliz. Um peixe stressado tem mais probabilidades de contrair doenças. Para informação sobre doenças e enfermidades dos peixes de água doce, ver Doenças e Tratamentos dos Peixes de Aquário.

9.13 Puntius tetrazona

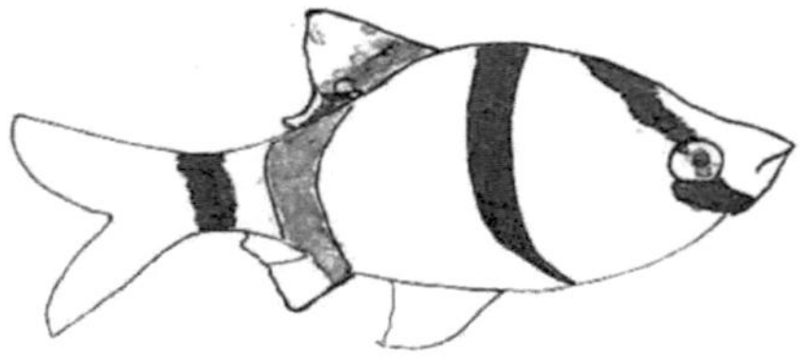

(Tiger Barb, Sumatra barb, Partbelt Barb, Tirger)

Tamanho do peixe - polegadas: 2,8 polegadas (6,99 cm)

Tamanho mínimo do tanque: 15 gal (57 L)

Temperamento: Semi-agressivo

Resistência do aquário: Muito resistente

Temperatura: 68,0 a 79,0° F (20,0 a 26,1° C)

Nível de experiência do aquarista: Iniciante

Habitat: Distribuição / Antecedentes

O Barbudo-tigre *Puntius tetrazona* (anteriormente *Barbus tetrazona)* foi descrito por Bleeker em 1855. Encontram-se em toda a Península Malaia, Sumatra, Bornéu e, possivelmente, na Tailândia e no Camboja. São nativos da ilha de Bornéu e encontram-se tanto no estado malaio de Sarawak como em Kalimantan, a parte indonésia da ilha. Foram introduzidas populações selvagens em Singapura, na Austrália, nos Estados Unidos e na Colômbia. Muitos são criados em cativeiro para a indústria da aquariofilia. Não se encontram em perigo de extinção e esta espécie não consta da Lista Vermelha da IUCN.

Este peixe mostra preferência por ribeiros florestais tranquilos e afluentes com águas límpidas e muito oxigenadas. O substrato é normalmente composto por areia e rochas e cresce uma vegetação muito densa. O Barbudo-tigre é considerado um omnívoro na natureza e alimenta-se de insectos, diatomáceas, algas, pequenos invertebrados e detritos.

Nome científico: *Puntius tetrazona*

Agrupamento social: Grupos

Lista Vermelha da IUCN: NE - Não Avaliado ou não listado

Descrição

O Barbudo-tigre tem um corpo redondo com um dorso alto, corpo profundo e uma cabeça pontiaguda. São peixes pequenos que atingem comprimentos de apenas 7 cm na natureza e são geralmente um pouco mais pequenos no aquário. Têm um tempo de vida de 6 a 7 anos se forem bem tratados.

O corpo é alegremente colorido com um fundo amarelo a vermelho e quatro riscas pretas muito distintas. A extremidade exterior das barbatanas dorsais, bem como a cauda e as barbatanas ventrais são vermelhas. Quando estão a desovar, têm um focinho vermelho vivo.

Tamanho do peixe - polegadas: 2,8 polegadas (6,99 cm)

Tempo de vida: 7 anos

Dificuldade na criação de peixes

O Barbudo Tigre é uma óptima adição à maioria dos aquários e é uma excelente escolha para principiantes. Lida muito bem com as mudanças de condições da água e é normalmente um ótimo comedor. No entanto, é necessário manter o aquário limpo, uma vez que são susceptíveis ao ictio. É preciso ter cuidado ao escolher os seus companheiros de aquário, pois o Barbudo Tigre gosta de morder as barbatanas dos peixes de natação lenta e barbatanas longas.

Resistência do aquário: Muito resistente

Nível de experiência do aquarista: Iniciante

Alimentos e alimentação

Como é omnívoro, o Barbudo-tigre come geralmente todo o tipo de alimentos vivos, frescos e em flocos. Para manter um bom equilíbrio, dê-lhe todos os dias um alimento em flocos de alta qualidade. Dê-lhe artémia (viva ou congelada) ou minhocas de sangue como petisco. Este peixe comerá tanto quanto lhe dermos, pelo que o aquariofilista deve determinar uma quantidade razoável. A regra geral quando se oferece comida várias vezes ao dia é oferecer apenas o que eles podem consumir em 3 minutos ou menos em cada refeição. Quando se oferece comida apenas uma vez por dia, deve oferecer-se o que ele consegue comer em cerca de 5 minutos.

Tipo de dieta: Omnívoro

Alimentos em flocos: Sim

Comprimidos em pellets: Sim

Alimentos vivos (peixes, camarões, vermes): Parte da dieta

Alimentos vegetais: parte da dieta

Alimentos à base de carne: Parte da dieta

Frequência de alimentação: Várias refeições por dia - Com várias refeições por dia, ofereça apenas o que ele pode consumir em 3 minutos ou menos em cada refeição.

Cuidados com o aquário

Os barbos-de-tigre não são excecionalmente difíceis de cuidar, desde que a sua água seja mantida limpa. Os aquários são sistemas fechados e, independentemente do tamanho, todos precisam de alguma manutenção. Com o tempo, a matéria orgânica em decomposição, os nitratos e os fosfatos acumulam-se e a dureza da água aumenta devido à evaporação. Substitua 25 a 50% da água do aquário pelo menos uma vez por mês. Se o aquário for densamente povoado, 20 a 25% devem ser substituídos semanalmente ou de duas em duas semanas.

Mudanças de água: Mensalmente - Se o aquário estiver densamente povoado, as mudanças de água devem ser efectuadas de duas em duas semanas.

Configuração do aquário

O barbo-tigre é uma espécie que nada em todas as partes do aquário, mas prefere nadar em zonas abertas no meio. Uma vez que o seu tamanho máximo é inferior a 5 cm, um cardume precisará de um aquário de pelo menos 15 galões. No entanto, como são nadadores muito activos, é preferível ter um aquário com 30 polegadas de comprimento e 30 galões ou mais. Providencie uma boa filtragem e efectue mudanças regulares de água. Além disso, o aquário deve ser coberto, pois estes peixes podem saltar.

Estes peixes dão-se melhor e são mais eficazmente expostos em aquários que simulam o seu habitat natural. Tal como acontece com a maioria das espécies de barbos, eles estão mais à vontade em aquários bem plantados. Também precisam de zonas abertas para nadar. Juntamente com as plantas, um substrato arenoso e madeira de pântano farão eco do seu habitat natural. Um filtro eficiente e um bom movimento da água são necessários para que os peixes machos desenvolvam a sua coloração.

Tamanho mínimo do tanque: 15 gal (57 L)

Adequado para Nano Tank: Sim

Tipo de substrato: Qualquer

Necessidades de iluminação: Moderada - iluminação normal

Temperatura: 68,0 a 79,0° F (20,0 a 26,1° C)

Temperatura de reprodução: - As temperaturas de reprodução situam-se entre 24 e 26 °C (74 e 79 °F).

Gama ph: 6,5-7,5 - Os amadores que pretendem criar os seus animais devem manter a água ligeiramente ácida (até 6,5).

Gama de dureza: 2 - 30 dGH

Salobra: Não

Movimento da água: Moderado

Região da água: Todas - Estes peixes nadam em todas as zonas do aquário, mas preferem o meio do aquário.

Comportamentos sociais

O animado Barbudo Tigre é um bom peixe de comunidade, especialmente com outros peixes de movimento rápido. No entanto é conhecido por se tornar um pouco irritadiço, especialmente quando mantido sozinho ou em grupos muito pequenos. Têm tendência para mordiscar as barbatanas de peixes de movimentos lentos e de barbatanas longas, como os gouramis e os peixes-anjo. Um peixe mantido individualmente será muito agressivo.

Os grupos destes peixes são hierárquicos. É uma boa ideia mantê-los num cardume de pelo menos seis ou sete exemplares para atenuar algumas das suas tendências agressivas. Isto pode ajudar a evitar que os outros peixes sejam maltratados. Nos cardumes, incomodam-se uns aos outros em vez de incomodarem os outros habitantes do aquário.

Temperamento: Semi-agressivos - São bons peixes comunitários quando mantidos em grupos e quando os outros companheiros de aquário são também peixes de movimentos rápidos. Um peixe mantido sozinho será altamente agressivo.

Compatível com:

Mesma espécie - conspecíficos: Sim - É aconselhável mantê-los num cardume de pelo menos seis ou sete indivíduos.

Peixe pacífico (): Monitor - As farpas de tigre mordiscam as barbatanas de peixes que se movem mais lentamente, como os peixes-anjo ou os gouramis.

Semi-Agressivo (): Monitorizar

Agressivo (): Ameaça

Grande Semi-Agressivo (): Ameaça

Grande Agressivo, Predador (): Ameaça

Nadadores Lentos e Comedores (): Monitor - Este é um peixe bastante rápido na altura da alimentação. Certifica-te que os peixes mais lentos comem o suficiente se os mantiveres com barbatanas.

Camarões, caranguejos, caracóis: Seguro - não agressivo

Plantas: Seguro

Sexo: Diferenças sexuais

A fêmea é mais pesada, especialmente durante a época de desova. Os machos têm cores mais vivas e são mais pequenos. Durante a desova, desenvolvem um nariz muito vermelho.

Reprodução / Reprodução

O barbo-tigre é moderadamente fácil de reproduzir e a criação dos alevins é relativamente simples. Tornam-se sexualmente maduros com cerca de 6 a 7 semanas de idade, quando atingem um tamanho entre 2 a 3 cm de comprimento. Selecione pares reprodutores do cardume que tenham excelentes marcas e cores fortes.

São poedeiras que dispersam os seus ovos em vez de terem um local de reprodução específico. Os ovos são adesivos e caem no substrato. Estes peixes podem reproduzir-se num aquário de 20 galões. Pode ser montado com um filtro de esponja, um aquecedor e algumas plantas. Os berlindes usados como substrato ajudarão a proteger os ovos. A água deve ser de dureza média a 10° dGH, dGH, ligeiramente ácida com um pH de cerca de 6,5, e uma temperatura entre 74 - 79° F (24 - 26° C).

Condicione o par com uma variedade de alimentos vivos, como artémia. Introduzir primeiro a fêmea no aquário de reprodução e adicionar o macho após alguns dias, quando a fêmea estiver cheia de ovos. O ritual de cortejo começa ao fim da tarde, com os dois a nadarem à volta um do outro e o macho a fazer pose de cabeça e a abrir as barbatanas para excitar a fêmea. A desova tem lugar de manhã, com o macho a perseguir e a mordiscar a fêmea. A fêmea começa a libertar 1 a 3 ovos de cada vez.

Podem ser libertados até 300 ovos, embora as fêmeas mais maduras possam conter 700 ou mais.

Após a postura, retirar os progenitores, pois estes comem os ovos. Os ovos eclodirão em cerca de 48 horas e os alevins estarão a nadar livremente em cerca de 5 dias. Os alevins que nadam livremente podem ser alimentados com infusórios, um alimento líquido para alevins, ou com salmoura recém-eclodida, pelo menos três vezes por dia. Preste muita atenção à alimentação, pois os alimentos, se não forem consumidos, podem rapidamente sujar a água. Os alevins necessitam de água limpa para sobreviver. Ver a descrição das técnicas de reprodução em: Criação de peixes de água doce: barbos. Ver também Alimentação dos alevins para obter informações sobre os tipos de alimentos para criar os juvenis.

Facilidade de reprodução: Moderada

Doenças dos peixes

Os barbos-de-tigre são extremamente resistentes, pelo que as doenças não são normalmente um problema num aquário bem mantido. São principalmente susceptíveis ao Ich se a qualidade da água não for boa. Qualquer coisa que se adicione ao aquário pode também trazer doenças. Não só os outros peixes mas também as plantas, o substrato e as decorações podem albergar bactérias. Tenha muito cuidado e certifique-se que limpa corretamente ou coloca em quarentena tudo o que adicionar a um aquário já estabelecido para não perturbar o equilíbrio.

Uma coisa boa acerca destes barbos é que, devido à sua resiliência, um surto
de doença pode muitas vezes ser limitado a apenas um ou alguns peixes, se for tratado numa fase inicial. A melhor maneira de prevenir proactivamente as doenças é dar ao seu Barb o ambiente adequado e dar-lhe uma dieta bem equilibrada. Quanto mais próximo do seu habitat natural, menos stress o peixe terá, tornando-o mais saudável e feliz. Um peixe stressado tem mais probabilidades de contrair doenças.

Estes peixes são muito resistentes, mas recomenda-se que se leia sobre as doenças comuns dos aquários. Conhecer os sinais, apanhá-los e tratá-los cedo faz uma enorme diferença. Para informação sobre doenças e enfermidades dos peixes de água doce, ver Doenças e Tratamentos dos Peixes de Aquário.

9.14 Puntius conchonius (barbo rosado, barbo vermelho)

Tamanho do peixe - polegadas: 5,9 polegadas (15,01 cm)

Tamanho mínimo do aquário: 76 litros (20 gal) **Temperamento:** Tranquilo **Resistência de Aquário:** Muito resistente

Temperatura: 64,0 a 73,0° F (17,8 a 22,8° C)

Habitat: Distribuição / Antecedentes

O barbo rosado *Puntius conchonius* (anteriormente Barbus *conchonius)* foi descrito por Hamilton em 1822. Encontram-se no norte da Índia, no Bangal e em Assam. Existem também populações selvagens em Singapura, Austrália, México, Porto Rico e Colômbia. Esta espécie está incluída na Lista Vermelha da IUCN como "Pouco preocupante" (LC). Está disseminada e é comum na sua área de distribuição, sem grandes ameaças identificadas. Outro nome comum pelo qual é conhecido é o Barbilhão Vermelho.

Dependendo da região de onde provêm, estes peixes variam em aparência e tamanho. Os peixes de Bengala Ocidental são mais intensamente coloridos com escamas reflectoras. Estes barbos ocorrem numa variedade de habitats, desde riachos de montanha e afluentes de rios até águas muito calmas como lagos, lagoas e pântanos. São omnívoros e alimentam-se de insectos, diatomáceas, algas, pequenos invertebrados e detritos.

Nome científico: *Puntius conchonius*

Agrupamento social: Grupos

Lista Vermelha da IUCN: LC - Pouco Preocupante

Descrição

O barbo rosado tem um corpo em forma de torpedo e a sua cauda é bifurcada. Possui apenas uma barbatana dorsal. A ausência de uma barbatana adiposa, uma segunda barbatana dorsal na parte posterior da primeira, é uma caraterística de todos os ciprinídeos. Este é um peixe de bom tamanho, atingindo um comprimento de até 15 cm na natureza, embora geralmente só atinja cerca de 10 cm no aquário. Atingem a maturidade aos 6 cm e têm uma esperança média de vida de cerca de 5 anos.

A coloração geral do corpo é prateada ou cor-de-rosa acobreada, com uma tonalidade um pouco esverdeada ao longo do dorso. Os machos têm uma cor mais avermelhada, especialmente no ventre inferior e nos flancos. Existe uma mancha preta mesmo à frente do pedúnculo caudal e pode haver alguma cor preta ao longo das margens superiores das barbatanas anal e dorsal. Estes peixes variam um pouco no seu aspeto e tamanho, consoante a região de onde provêm.

Tamanho do peixe - polegadas: 5,9 polegadas (15,01 cm) - Na natureza estes peixes podem atingir 6 polegadas (15 cm), mas em cativeiro geralmente só atingem cerca de 4 polegadas (10 cm).

Tempo de vida: 5 anos

Dificuldade na criação de peixes

O Barbudo Rosado é um ótimo complemento para a maioria dos aquários e é uma excelente escolha para principiantes. Eles lidam muito bem com as mudanças nas condições da água e são geralmente óptimos comedores. Precisam de um aquário mais fresco, por isso é preciso ter cuidado ao escolher os seus companheiros de aquário. Estes barbos também gostam de beliscar as barbatanas de peixes de natação lenta e de barbatanas longas, por isso precisam de companheiros activos.

Resistência do aquário: Muito resistente

Nível de experiência do aquarista: Iniciante

Alimentos e alimentação

Como é omnívoro, o Barbudo Rosado come geralmente todo o tipo de alimentos vivos, frescos e em flocos. Para manter um bom equilíbrio, dê-lhes todos os dias um alimento em flocos de alta qualidade. Alimente-os com artémia (viva ou congelada) ou com vermes sanguíneos como guloseima. Complemente com alimentos coloridos para obter melhores resultados na aparência. Quando oferecer comida apenas uma vez por dia, forneça o que eles conseguem comer em cerca de 5 minutos. Quando oferecer comida várias vezes por dia, ofereça apenas o que eles podem consumir em 3 minutos ou menos em cada alimentação.

Tipo de dieta: Omnívoro

Alimentos em flocos: Sim

Comprimidos em pellets: Sim

Alimentos vivos (peixes, camarões, vermes): Parte da dieta

Alimentos vegetais: parte da dieta

Alimentos à base de carne: Parte da dieta

Frequência de alimentação: Várias refeições por dia - Ofereça apenas o que ele pode consumir em 3 minutos ou menos com várias refeições por dia.

Cuidados com o aquário

Os Rosy Barbs são fáceis de cuidar desde que a sua água seja mantida limpa e à temperatura correta. Os aquários são sistemas fechados e, independentemente do tamanho, todos precisam de alguma manutenção. Com o tempo, a matéria orgânica em decomposição, os nitratos e os fosfatos acumulam-se e a dureza da água aumenta devido à evaporação.

Substitua 25 a 50% da água do aquário pelo menos uma vez por mês. Se o aquário for densamente povoado, 20 a 25% devem ser substituídos semanalmente ou de duas em duas semanas.

Mudanças de água: Mensalmente - Se o aquário estiver densamente povoado, as mudanças de água devem ser efectuadas de duas em duas semanas.

Configuração do aquário

O Barbudo Rosado nada em todas as partes do aquário e é um peixe de bom tamanho. Podem atingir até 10 cm de comprimento. Um cardume precisará de um aquário de pelo menos 20 galões mas, como são nadadores muito activos, um aquário com 30 polegadas de comprimento e 30 galões ou mais é o ideal. Preferem água mais fresca, entre 18-22° C (64-72° F). Além disso, o aquário deve estar bem coberto, pois estes peixes são hábeis saltadores e provavelmente fá-lo-ão se lhes for dada a oportunidade.

Tal como acontece com a maioria das espécies de barbos, o aquário mais adequado para eles deve ter bastante espaço para nadar, um fundo macio e plantas à volta dos bordos. O seu desempenho é melhor e a sua exposição é mais eficaz em aquários que simulam o seu habitat natural. Um substrato arenoso, uma vegetação densa e madeira à deriva farão eco do seu ambiente natural. Tente planear uma ou duas horas de luz solar a incidir sobre o aquário, pois a iluminação tornará os peixes ainda mais deslumbrantes. Um filtro eficiente e um bom movimento da água são necessários para que os peixes machos desenvolvam a sua melhor coloração.

Tamanho mínimo do tanque: 20 gal (76 L)

Adequado para Nano Tank: Sim

Tipo de substrato: Qualquer

Necessidades de iluminação: Moderada - iluminação normal

Temperatura: 64,0 a 73,0° F (17,8 a 22,8° C)

Temperatura de reprodução: - Temperaturas de reprodução entre 73 - 77° F (22 - 25° C).

Gama ph: 6.5-7.0

Gama de dureza: 2 - 10 dGH

Salobra: Não

Movimento da água: Moderado

Região hidrográfica: Todas

Comportamentos sociais

Estes peixes são animados e divertidos de observar. São pacíficos e um peixe comunitário muito bom, apenas mordem ocasionalmente as barbatanas de um companheiro de aquário. São peixes de cardume e dar-se-ão bem quando mantidos num grupo de 4 a 6 da sua espécie. Ao selecionar outros companheiros de aquário, certifique-se de que também gostam de água mais fria e que também são animados.

Temperamento: Tranquilo - Este peixe é bastante pacífico, embora alguns possam ser um pouco mais dominantes do que outros, e mordidelas nas barbatanas não são raras.

Compatível com:

Mesma espécie - conspecíficos: Sim

Peixe tranquilo (): Seguro

Semi-Agressivo (): Monitorizar

Agressivo (): Ameaça

Grande Semi-Agressivo (): Ameaça

Grande Agressivo, Predador (): Ameaça

Nadadores Lentos e Comedores (): Monitor - Estes peixes alimentam-se de forma agressiva, o que pode dificultar a alimentação dos peixes mais lentos ou mais tímidos.

Camarões, caranguejos, caracóis: Seguro - não agressivo

Plantas: Seguro

Sexo: Diferenças sexuais

É difícil distinguir quando são jovens, mas à medida que envelhecem o macho torna-se mais vermelho e mais esguio. A fêmea permanece mais pequena, em geral.

Reprodução / Reprodução

O Barbudo rosado é moderadamente fácil de reproduzir e torna-se sexualmente maduro quando atinge um tamanho de 6 cm. Selecione pares reprodutores do cardume que tenham excelentes marcas e cores fortes. São aves poedeiras que espalham os seus ovos em vez de terem um local de reprodução específico. Os ovos são adesivos e caem no substrato.

Estes peixes podem desovar num aquário de reprodução de 5 a 10 galões com água pouco profunda e uma temperatura entre 22 e 25 graus centígrados. Utilize um areão grosso no fundo ou uma divisória que permita a passagem dos ovos para os proteger. Colocar um macho e duas fêmeas no aquário de reprodução. A postura é precedida de acasalamentos simulados e de cortejamento e, em seguida, serão postas várias centenas de ovos. Após a postura, retirar os progenitores, pois eles comem os ovos se os conseguirem alcançar.

Os ovos eclodem em cerca de 30 horas. Os alevins que nadam livremente podem ser alimentados com infusórios, um alimento líquido para alevins, ou com salmoura para bebés recém-eclodidos, pelo menos três vezes por dia. Preste muita atenção ao alimentá-los, pois os alimentos, se não forem consumidos, podem rapidamente sujar a água. Os alevins necessitam de água limpa para sobreviver. Ver a descrição das técnicas de reprodução em: Criação de peixes de água doce: barbos. Ver também Alimentação dos alevins para obter informações sobre os tipos de alimentos para criar os juvenis.

Facilidade de reprodução: Fácil

Doenças dos peixes

Os barbos rosados são extremamente resistentes, pelo que as doenças não são normalmente um problema num aquário bem mantido. São principalmente susceptíveis ao Ich se a qualidade da água não for boa. Qualquer coisa que se adicione ao aquário pode também trazer doenças. Não só os outros peixes mas também as plantas, o substrato e as decorações podem albergar bactérias. Tenha muito cuidado e certifique-se que limpa corretamente ou coloca em quarentena tudo o que adicionar a um aquário já estabelecido para não perturbar o equilíbrio.

Uma coisa boa acerca destes barbos é que, devido à sua resiliência, um surto de doença pode muitas vezes ser limitado a apenas um ou alguns peixes, se for tratado numa fase inicial. A melhor maneira de prevenir proactivamente as doenças é dar ao seu Barb o ambiente adequado e dar-lhe uma dieta bem equilibrada. Quanto mais próximo do seu habitat natural, menos stress o peixe terá, tornando-o mais saudável e feliz. Um peixe stressado tem mais probabilidades de contrair doenças.

Estes peixes são muito resistentes, mas recomenda-se que se leia sobre as doenças comuns dos aquários. Conhecer os sinais, apanhá-los e tratá-los cedo faz uma enorme diferença. Para informação sobre doenças e enfermidades dos peixes de água doce, ver Doenças e Tratamentos dos Peixes de Aquário.

9.15 Pterophyllum scalare

Tamanho do peixe - polegadas: 6,0 polegadas (15,24 cm)

Tamanho mínimo do tanque: 30 gal (114 L)

Temperamento: Semi-agressivo

Resistência do aquário: Moderadamente resistente

Temperatura: 75,0 a 82,0° F (23,9 a 27,8°C)

Habitat: Distribuição / Antecedentes

O peixe-anjo *Pterophyllum scalare* foi descrito por Schultze em 1823. Habita águas lentas de rios da América do Sul: a bacia central do rio Amazonas e afluentes do Peru, Brasil e leste do Equador. Esta espécie não consta da Lista Vermelha da IUCN. Outros nomes comuns pelos quais são conhecidos são Peixe-anjo prateado, Peixe-anjo de água doce e Peixe-anjo comum.

Na natureza, estes ciclídeos vivem em pântanos ou zonas inundadas onde a vegetação é densa. A água é límpida ou sedosa, mas a sua cor é mais forte nas águas mais límpidas. Alimentam-se de peixes mais pequenos e de invertebrados, bem como de partículas de alimentos presentes na água.

Estes peixes foram introduzidos na Europa por volta de 1920 e foram criados pela primeira vez nos Estados Unidos em 1930. Embora o peixe-anjo vendido atualmente seja muitas vezes referido como sendo Pterophyllum *scalare,* os espécimes selvagens variam muito das variedades criadas em cativeiro há muito estabelecidas.

Questão sobre os peixes-anjo: São uma "espécie" ou um "híbrido"?

As espécies de peixe-anjo são um grupo de peixes muito atrativo e gracioso. Atualmente, existem três espécies reconhecidas do género *Pterophyllum*: o peixe-anjo comum *Pterophyllum scalare,* o peixe-anjo do Altum ou peixe-anjo do Orinoco *Pterophyllum altum* e o peixe-anjo de Leopold *Pterophyllum leopoldi.* Para além das três espécies de peixe-anjo descritas, pensa-se que existem várias espécies não descritas.

Têm surgido dúvidas quanto à espécie do peixe-anjo comum vendido atualmente. Não existe uma resposta definitiva. Todas as espécies de peixes-anjo são semelhantes na sua aparência. Nos primeiros tempos havia muita confusão na identificação das espécies importadas e poucos registos de cruzamentos. Os três tipos de peixes-anjo são:

Peixe-anjo prateado *Pterophyllum scalare*

O peixe-anjo comum vendido atualmente é geralmente considerado como um híbrido de *Pterophyllum scalare,* no entanto, este pode não ser o caso. As formas de peixe-anjo encontradas na natureza tornaram-se formas fixas através de cruzamentos consanguíneos em cativeiro. O peixe-anjo comum tem sido historicamente referido como *Pterophyllum scalare* porque este peixe-anjo provou ser o mais resistente e mais fácil de reproduzir em cativeiro.

Anjo de Leopold *Pterophyllum leopoldi*

O Anjo de Leopold é um peixe importado bastante raro. É muito parecido com o peixe-anjo comum, mas o padrão de barras pretas é um pouco diferente. Tem um par de barras verticais escuras no corpo, mas distingue-se por uma mancha preta na base da extremidade dorsal que não se prolonga numa barra completa.

Peixe-anjo Altum. Peixe-anjo do Orenoco *Pterophyllum altum*

O peixe-anjo Altum. O peixe-anjo do Orenoco é a maior destas três espécies. Distingue-se pelo facto de ter um "entalhe" na parte superior do focinho seguido de uma testa que se eleva acentuadamente, em vez de uma testa mais plana ou ligeiramente arredondada como nas outras duas espécies. As barbatanas podem apresentar algumas estrias vermelhas e, nos adultos, a barbatana dorsal pode apresentar algumas manchas vermelhas e uma tonalidade azul-esverdeada. Mas, no geral, as diferenças de cor são subtis. Antigamente, só era possível obter exemplares do Altum Angel capturados na natureza. Durante anos, esta espécie foi considerada impossível de reproduzir. Mais recentemente, no entanto, tem sido criada com sucesso por alguns amadores e os espécimes criados em cativeiro estão agora ocasionalmente disponíveis, bem como os capturados na natureza.

Nome científico: *Pterophyllum scalare*

Agrupamento social: Grupos

Lista Vermelha da IUCN: NE - Não Avaliado ou não listado

Descrição

Os peixes-anjo são encontrados na natureza com barras pretas num corpo prateado. O corpo comprimido lateralmente tem uma forma distintiva de diamante e um focinho pontiagudo. Têm barbatanas dorsais e anais de grandes dimensões, estas e a barbatana caudal são longas e fluidas. Nos peixes adultos, a barbatana caudal pode desenvolver serpentinas nos cantos exteriores. As barbatanas peitorais são muito longas e delicadas. Podem ter uma vida útil de 10 a 15 anos se forem bem tratados.

Na natureza são encontrados com barras pretas num corpo prateado. Existem também algumas mutações encontradas na natureza em que estes peixes se apresentam sem barras, em preto sólido e em formas de renda. Através de cruzamentos consanguíneos em cativeiro estas formas tornaram-se fixas. Existem muitas variedades populares disponíveis, incluindo: ***Tamanho do peixe - polegadas:*** 6,0 polegadas (15,24 cm)

Tempo de vida: 15 anos

Dificuldade na criação de peixes

O peixe-anjo pode ser uma óptima adição ao aquário de quase todos os aquariofilistas, desde os principiantes até aos mais experientes. Podem ser muito sensíveis a alterações do estado da água e podem mostrar agressividade com peixes comunitários mais pequenos. Assim, recomenda-se que o proprietário mantenha um olho diligente nos níveis químicos da água e monitorize o comportamento agressivo de qualquer um dos habitantes do aquário. Tenha especial atenção a peixes que mordam as barbatanas dos peixes-anjo de movimentos lentos e barbatanas longas.

Resistência do aquário: Moderadamente resistente

Nível de experiência do aquarista: Iniciante

Alimentos e alimentação

Como são omnívoros, os peixes-anjo comem geralmente todo o tipo de alimentos vivos, frescos e em flocos. O peixe-anjo dá-se melhor com uma dieta que contenha muitas proteínas, mas a variedade é importante. Para manter um bom equilíbrio, dê-lhes todos os dias um alimento em flocos ou um granulado de alta qualidade. Alimente-os com artémia (viva ou congelada) ou com vermes sanguíneos como guloseima. Pode até alimentá-los com alface ou espinafres. Dê-lhes larvas de mosquito com muita parcimónia, pois têm tendência a comê-las em excesso. Comer em excesso pode resultar numa acumulação de gorduras, o que resulta em inatividade e pode matá-las.

Tipo de dieta: Omnívoro

Alimentos em flocos: Sim

Tablet Pellet: Sim - É preferível utilizar pastilhas pequenas, pois a boca dos anjos não é tão grande como o seu corpo!

Alimentos vivos (peixes, camarões, vermes): Parte da dieta

Alimentos vegetais: metade da dieta

Alimentos à base de carne: Parte da dieta

Frequência de alimentação: Vários alimentos por dia

Cuidados com o aquário

Os peixes-anjo requerem mudanças de água semanais de cerca de 15-20% da capacidade do aquário. O peixe anjo é muito sensível à flutuação da água, por isso certifique-se de que testa a água que volta para o aquário. A água precisa de ser macia, com 0-5dH. Ao efetuar as mudanças de água, certifique-se de que aspira cuidadosamente o substrato. Tenha cuidado para não causar stress injustificado ou excessivo aos habitantes do aquário durante a limpeza do aquário.

Mudanças de água: Semanalmente - Mudar 15-20% em cada mudança, dependendo da carga biológica.

Configuração do aquário

Sugere-se um aquário com um mínimo de 30 galões, embora seja preferível um aquário maior para manter vários peixes. Necessitam de um bom movimento da água e de uma filtragem muito forte e eficaz. Dão-se melhor num aquário quente com água macia, ligeiramente ácida a neutra. Providencie plantas resistentes colocadas à volta do perímetro interior, juntamente com algumas rochas e raízes, mas mantenha uma área aberta no centro para nadar. Preferem uma iluminação ténue. Estes peixes não escavam e não danificam as plantas tanto como os outros ciclídeos.

Tamanho mínimo do aquário: 114 litros (30 galões) - Será necessário pelo menos um ***aquário*** de 55 galões para um par e muito maior para uma comunidade.

Tipo de substrato: Mistura de areia e cascalho

Necessidades de iluminação: Iluminação fraca - moderada

Temperatura: 75,0 a 82,0° F (23,9 a 27,8° C)

Temperatura de reprodução: 80.0° F - O intervalo é de 80-85 graus F.

Gama ph: 6.0-7.5

Gama de dureza: 2 - 10 dGH

Movimento da água: Moderado

Região hidrográfica: Todas

Comportamentos sociais

São considerados peixes comunitários mas, pertencendo à família dos ciclídeos, podem tornar-se agressivos com peixes mais pequenos. Normalmente são bons quando jovens, mas tornam-se territoriais à medida que envelhecem. Formam pares, desenvolvendo uma forte família nuclear, e defendem um território para se reproduzirem. Uma coisa boa sobre os peixes-anjo é que eles não escavam nem perturbam as plantas! Tenha o cuidado de escolher companheiros de aquário que não sejam conhecidos por serem mordedores de barbatanas.

Temperamento: Semi-agressivo

Compatível com:

Mesma espécie - conspecíficos: Sim

Peixe pacífico (): Monitor - Come qualquer coisa que lhe caiba na boca.

Semi-Agressivo (): Monitor - Os anjos nadam lentamente e têm barbatanas compridas, o que atrai outros peixes para os assediarem.

Agressivo (): Ameaça

Grande Semi-Agressivo (): Monitor

Grande Agressivo, Predador (): Ameaça

Nadadores e comedores lentos (): Monitor

Camarões, caranguejos e caracóis: Seguro - não agressivo

Plantas: Seguro

Sexo: Diferenças sexuais

Não existem diferenças significativas, exceto na época de reprodução, em que a papila no macho é pontiaguda e na fêmea é romba.

Reprodução / Reprodução

Os peixes-anjo são poedeiras e formam famílias nucleares. São reprodutores abertos que desovam nas folhas submersas na natureza. São difíceis de sexar, por isso é melhor começar com um pequeno cardume de cerca de 4 a 8 peixes e deixá-los estabelecer pares. Tornam-se sexualmente maduros por volta dos 6 a 12 meses ou mais, dependendo das condições do aquário, e têm cerca de 5 cm ou mais de comprimento.

O casal precisa de água muito limpa e de ser condicionado para desovar. Completar a sua dieta atual com alimentos ricos em proteínas, mas não os sobrealimentar. A água de reprodução deve ser ligeiramente ácida, macia e quente. O pH deve ser de cerca de 6,5, a dureza deve ser de cerca de 5° dGH e a temperatura deve situar-se entre 27 e 29° C. Os machos fazem, por vezes, um som de rangido com as mandíbulas quando acasalam.

A fêmea põe até cerca de 1000 ovos em folhas cuidadosamente limpas e o macho segue-os e fertiliza-os. Os ovos serão postos, mas convencer os pais a cuidar dos ovos é outra questão. Gerações de consanguinidade custaram a estes peixes grande parte dos seus instintos parentais, resultando numa tendência para comer os ovos. Se os pais não comerem os ovos, as larvas e os alevins são cuidadosamente guardados. Os ovos eclodem em poucos dias e os alevins nadam livremente numa semana. Os pais nadam com um cardume de alevins a reboque. Os alevins podem ser alimentados com artémia recém-eclodida durante as primeiras duas semanas. Ver a descrição geral de como criar ciclídeos em:Criação de peixes de água doce: Ciclídeos.

Facilidade de reprodução: Moderada

Doenças dos peixes

Os peixes-anjo são susceptíveis a doenças típicas dos peixes, especialmente se a água for parada e de má qualidade e oxigenação. Um problema comum é a Ich. Pode ser tratado com a elevação da temperatura do aquário para 30° C durante 3 dias. Se isso não curar a comichão, então o peixe precisa de ser tratado com cobre (remover quaisquer condicionadores de água). Estão disponíveis vários medicamentos para peixes à base de cobre. O uso de cobre deve ser mantido dentro dos níveis apropriados, por isso deve seguir as sugestões do fabricante. Um teste de cobre também pode ser usado para manter os níveis corretos. Também se pode combinar o aumento da temperatura com um tratamento medicamentoso para o parasita. A doença intestinal pode ser tratada com metronidazol.

Tal como a maioria dos peixes, os peixes-anjo são propensos a vermes e outras infestações parasitárias (protozoários, vermes, etc.), infecções fúngicas e infecções bacterianas. Recomenda-se que se leia sobre as doenças comuns dos aquários. Conhecer os sinais e apanhá-los e tratá-los cedo faz uma enorme diferença. Para informação sobre doenças e enfermidades dos peixes de água doce, ver Doenças e Tratamentos dos Peixes de Aquário.

Lembra-te que tudo o que adicionares ao teu aquário pode trazer doenças para o teu aquário. Não só os outros peixes mas também as plantas, o substrato e as decorações podem albergar bactérias. Tenha muito cuidado e certifique-se de que limpa corretamente ou coloca em quarentena tudo o que adicionar a um aquário já estabelecido para não perturbar o equilíbrio.

Capítulo 10. Infestantes aquáticas

Perfil da planta

10.1 Pogostemon helferi

Científico

Nome: **Pogostemon helferi**

Nome comum: Downoi,

Dificuldade: Moderada

Requisitos de CO_2: Moderado

Requisitos de iluminação: Médio

Arranjo de plantas: Primeiro plano

Taxa de crescimento: Moderada

Família: Acanthaceae

Género: Pogostemon

Origem: Sudeste Asiático

Tipo de planta: Bolbo

Dureza da água: Média (GH = 9-13 dH)

Antecedentes Históricos

O Pogostemon helferi é uma das plantas de primeiro plano mais singulares e bonitas disponíveis para os amadores. Não há como confundir *a Pogostemon helferi.* As suas folhas verdes encaracoladas são uma composição atraente em comparação com outras plantas no aquário.

Encontrada originalmente nos cursos de água da Tailândia e de Myanmar, *a Pogostemon helferi* entrou pela primeira vez no passatempo das plantas aquáticas em 2006. Cresce naturalmente misturada com vegetação ripícola ao longo de riachos, ribeiros e leitos de rios. Quando foi introduzida pela primeira vez na aquariofilia, esta planta tinha a notória reputação de ser uma planta difícil de cultivar e reproduzir. À medida que os amadores aprenderam mais sobre a planta, *a Pogostemon helferi* tornou-se uma planta de caule moderadamente fácil de cultivar e propagar.

Na Tailândia, esta planta é chamada "Dao Noi" que se traduz em inglês como "Little Star". Os amadores adoptaram esta alcunha e agora *o Pogostemon helferi* é vulgarmente conhecido como Downoi.

Caraterísticas de crescimento

A Pogostemon helferi é uma planta de caule que tem distâncias curtas entre os seus entrenós, o que ajuda a criar o aspeto de um arbusto compacto. Esta planta crescerá até 5 cm de altura sob luz intensa, mas crescerá ligeiramente mais alto (5 polegadas) em condições de iluminação moderada. Prefere uma cama de substrato fértil, pelo menos uma iluminação moderada e algum dióxido de carbono para se dar bem. A sua taxa de crescimento é moderada para uma planta de caule. *A Pogostemon helferi continuará* a ser curta, mas podem aparecer pequenos rebentos laterais de duas em duas semanas e crescerá até ao tamanho normal em mais três semanas.

As folhas encaracoladas distintivas são de uma cor verde vibrante e atingem um comprimento de cerca de 2,5 cm. Folhas amareladas ou verde pálido são sinais diretos de deficiência de ferro ou iluminação insuficiente. É importante desbastar e replantar o crescimento excessivo nos caules *da Pogostemon helferi* para garantir que a iluminação adequada chega a estas folhas.

A propagação é facilmente efectuada através da replantação de rebentos laterais. Aparar cada rebento lateral e replantar diretamente no leito do substrato. Uma rede de raízes formar-se-á aproximadamente 5 cm abaixo do substrato. Nos caules mais altos de *Pogostemon helferican*, dividir ao meio para encorajar os rebentos laterais a brotarem dos fundos que sobraram.

Aplicação de Aquascaping

A Pogostemon helferi é uma planta versátil que pode ser mantida em pequenos grupos de três caules para acentuar uma paisagem aquática, ou pode ser mantida em grupos maiores para servir de planta tapete. Uma vez que as caraterísticas das folhas encaracoladas desta planta são tão diferentes das de outras plantas aquáticas, os aquascapers podem utilizar *o Pogostemon helferi* como um fator de acentuação "flash" nas suas composições.

[1]Quando plantar inicialmente *a Pogostemon helferi,* dê um espaçamento de aproximadamente 1 cm entre cada caule. Numa questão de semanas, *o Pogostemon helferi* expandir-se-á e preencherá as áreas abertas.

A pequena estatura também contrasta bem em frente a rochas e outras paisagens duras.

10.2 Echinodorus osiris Classificação científica

Reino : Plantae

Divisão : Magnoliophyta

Classe : Liliopsida

Ordem : Alismatales

Família : Alismataceae

Género : *Echinodorus*

Espécies : ***E. osiris***

Comentários:

1. As folhas submersas são membranosas.

2. As folhas jovens são castanho-douradas e as mais velhas são verdes.

3. Folhas de 3 a 60 cm de comprimento.

4. Pecíolos com 8 a 20 cm de comprimento e lâminas com 20 a 30 cm de comprimento e 3 a 5,5 cm de largura.

5. Pecíolos ovais, acuminados nas duas extremidades, com margens

onduladas e 3 a 5 nervuras.

6. Veias pseudopinadas ou orientadas para a base.

7. Folhas emergentes com 50 a 80 cm, por vezes 100 cm, de comprimento, pecíolos irregularmente cilíndricos, com 40 a 70 cm de comprimento, lâminas ovadas, com 14 a 18 cm de comprimento por 7 a 10 cm de largura, com 5 a 7 nervuras.

8. Folhas emersas e submersas com linhas pelúcidas distintas.

9. Caules erectos, posteriormente deflexionados, com 80 a 150 cm de comprimento, prolíferos.

10. Inflorescência racemosa ou ramificada no verticilo inferior, com 6 a 12 verticilos contendo 6 a 12 flores cada.

11. Brácteas lanceoladas, com 1,5 a 2 cm de comprimento por 5 a 6 mm de largura, pedicelos com 1 a 4 cm de comprimento.

12. Sépalas de 5 a 6 mm de comprimento, corola branca, estames de 18 a 24.

13. Necessita de um aquário espaçoso com água de dureza média, um bom substrato, temperaturas tropicais (embora possa tolerar águas mais frias).

14. A cor vermelha parece mais intensa em águas mais frias, mas parece desvanecer-se em águas deficientes em ferro.

10.3. ***Vesicularia dubyana***

Comentários:

1. A verdadeira *Vesicularia dubyana* é um musgo muito comum em Singapura e na região de Malesian.

2. *A Vesicularia dubyana* é um musgo rasteiro alongado, verde-escuro, com ramos pinados irregulares e achatados.

3. As folhas têm cerca de 1,3 mm de comprimento e são ovadas,

amplamente acuminadas, pontiagudas e minuciosamente dentadas perto do ápice.

4. As células da folha são cerca de 8 vezes mais compridas do que largas e têm uma forma rômbica estreita.

5. A seta tem cerca de 1,5 - 2,0 cm de comprimento com cápsula ovoide, horizontal ou pendente.

6. Tem nomes como Musgo Triangular, Mini Musgo, Musgo de Natal e até Musgo de Salgueiro.

7. Em terra, o musgo de Singapura, *Vesicularia dubyana,* é um musgo muito comum e resistente.

8. Pode sobreviver em condições difíceis, mesmo sob o sol tropical quente.

9. Se passear pelos jardins, parques e qualquer área aberta, é muito provável que encontre o **musgo de Singapura** a crescer no chão.

10..4. Anubias Afzelii

Comentários:

A Anubias barteri folha redonda, também conhecida como Anubius folha redonda ou Anubias barteri, é uma planta resistente que tem uma folhagem verde exuberante em forma de seta. Esta planta em roseta pode atingir até 16 polegadas de largura e tem rizomas grossos e rastejantes. Esta variedade de Anubias barteri é uma forma anfíbia que sobreviverá total ou parcialmente submersa.

A Anubias prefere uma iluminação moderada, aproximadamente 2 a 3 watts por galão, fornecida por uma luminária fluorescente com lâmpadas de luz do dia (5000-7000° K). Um pH de 6,5 a 7,5 é o ideal, e é melhor mantido com uma alcalinidade de 3 a 7 dKH. Aquando da plantação da planta aquática, é preciso ter um cuidado especial com o rizoma e as raízes. É necessário um fertilizante de substrato de qualidade e recomenda-se também a fertilização com CO2. Para manter estas plantas pequenas, basta cortar as folhas perto do rizoma com uma tesoura afiada.

Uma vez que cresce bem a partir de estacas, pode ser facilmente propagada. Em condições de água corretas, a Anubias barteri folha redonda propaga-se por rebentos laterais no rizoma, provocando a divisão do rizoma. Fixa-se a rochas, troncos, substrato e pode mesmo flutuar.

10.5 Anubias barteri

Reino: Plantae

Divisão: Magnoliophyta

Classe: Liliopsida

Ordem: Alismatales

Família: Araceae

Género: ***Anubias*** Schott

Anubias é um género de plantas aquáticas e semi-aquáticas com flores da família Araceae, nativas da África tropical central e ocidental. Crescem principalmente em rios e riachos, mas também podem ser encontradas em pântanos. Caracterizam-se por folhas largas, espessas e escuras que se apresentam sob muitas formas diferentes. O género foi revisto em 1979[1] e desde então a sua taxonomia tem-se mantido estável. As espécies podem ser determinadas utilizando principalmente as caraterísticas da inflorescência.

As anúbias são muito utilizadas em aquários, geralmente agarradas a rochas ou a madeira de pântano. Ao contrário da maioria das plantas, *as Anubias* preferem geralmente uma iluminação ténue e podem também produzir flores debaixo de água. No aquário, devem ser colocadas em zonas sombreadas, caso contrário desenvolver-se-ão algas nas folhas.

As anúbias são consideradas por muitos aquariofilistas algumas das plantas mais fáceis de manter, uma vez que as suas necessidades de luz e nutrientes são muito baixas e também porque os peixes herbívoros não as comem. É por isso que *as Anubias* são das poucas plantas que podem ser utilizadas em aquários com ciclídeos africanos e peixes dourados.

A reprodução em ambientes artificiais pode ser efectuada por divisão do estolho ou a partir de rebentos laterais. O estolho deve estar sempre acima do substrato para sobreviver, caso contrário apodrece e a planta morre. Também é possível propagar *as Anubias* por sementes[2] .

A taxa de crescimento natural de todas as espécies deste género é bastante lenta. Normalmente, produzem uma folha a cada 3 semanas, ou até mais lentamente. Infelizmente, estas são também das poucas plantas que não respondem à adição de CO_2.

A espécie mais comum deste género é a *Anubias barteri* Schott, que é muito polimórfica e está subdividida em diversas variedades. Os maiores representantes do género são *Anubias gigantea* Chevalier ex Hutchinson e *Anubias heterophylla* Engler. Os seus caules foliares podem atingir 83 cm, com folhas de 40 cm de comprimento e 14 cm de largura, com lóbulos laterais de até 28 cm de comprimento e 10 cm de largura. O representante mais pequeno é a *Anubias barteri var. nana* (Engler) Crusio, com uma altura até 10 cm e com folhas até 6 cm de comprimento e 3 cm de largura.

A melhor forma de cultivar *as anubias* é emersa (acima da água). Por esta razão, elas
podem ser utilizados em paludários.

10.6. Anubias Coffeefolia

Família	Araceae
Parte do mundo	Cultivar
Altura	15-25 cm
Largura	10-+ cm
Requisitos de luz	baixo-alto

Temperatura	20-30 C°
Tolerância de dureza	macio-muito duro
Tolerância ao pH	5.5-9
Facilidade	muito fácil

***Anubias barteri* "coffeefolia"** é uma variedade muito bonita e baixa de *Anubias barteri.* É caraterístico o facto de as folhas se arquearem consideravelmente entre as nervuras das folhas e as folhas novas serem castanho-avermelhadas. A combinação de cores e a forma das folhas tornam-na uma variedade atractiva tanto em aquários grandes como pequenos.

Floresce frequentemente debaixo de água mas não produz sementes.

As espécies de *Anubias* parecem crescer tão lentamente que não se apercebem de que foram submersas. Não é consumida por peixes herbívoros. *Anubias barteri "coffeefolia"* é uma variedade muito bonita e baixa de *Anubias barter.* É caraterístico o facto de as folhas se arquearem consideravelmente entre as nervuras das folhas e as folhas novas serem castanho-avermelhadas. A combinação de cores e a forma das folhas tornam-na uma variedade atractiva tanto em aquários grandes como pequenos. Floresce frequentemente debaixo de água mas não produz sementes. As espécies de *Anubias* parecem crescer tão lentamente que não se apercebem de que foram submersas. Não é consumida por peixes herbívoros.

10.7. Aponogeton Crispus

Família	Aponogetonaceae
Parte do mundo	Ásia
Altura	20-60 cm

Largura	15-20 cm
Requisitos de luz	médio-alto
Temperatura	18-30 C°
Tolerância de dureza	mole-duro
Tolerância ao pH	ácido-básico
Facilidade	média

O Aponogeton crispus é uma das plantas de aquário mais valiosas e bonitas. Tem folhas translúcidas, brilhantes a verde-escuras, que atingem um comprimento de 30 cm. A lâmina é suavemente crispada - daí o nome científico *crispus* - e é transportada num pecíolo com 30 cm de comprimento. *O Aponogeton crispus* prefere um substrato rico em nutrientes com argila e adapta-se muito facilmente ao ambiente da maioria dos aquários. A inflorescência é uma espiga emergente com flores brancas ou de cor creme que podem ser polinizadas artificialmente com um pincel fino. Em alternativa, *o Aponogeton crispus* pode ser reproduzido através da divisão do porta-enxerto tuberoso.

Na natureza, a planta cresce principalmente em lagos temporais que secam durante a estação seca e, durante este período, o *Aponogeton crispus* fica dormente. No entanto, a planta não necessita de um período de dormência no aquário.

Nome comum

Aponogeton ondulado; Aponogeton enrugado

Origem

Nativa do Sri Lanka, no sudeste da Ásia, onde ocorre normalmente em charcos sazonais, ficando inativa na estação seca.[111] Encontrada naturalmente em águas paradas e correntes.

Descrição

É uma planta aquática submersa com um rizoma redondo de 2-3 cm de diâmetro. As folhas são verde-claras a verde-oliva-castanhas, com 20-35 cm de comprimento e 6 cm de largura, com uma margem ondulada e um pecíolo de até 45 cm de comprimento (as plantas selvagens tendem a ter folhas mais longas e mais estreitas do que as variedades cultivadas). Não se formam folhas flutuantes. As flores são produzidas num caule ereto de até 80 cm de altura com um racemo apical branco (- rosa) em forma de espiga de até 18 cm de comprimento; cada flor é pequena, com um perianto de 2 mm e seis estames. As flores são perfumadas e a floração dura 1 a 2 semanas. As sementes são elípticas, com 5-6 mm de comprimento e 2 mm de diâmetro.

Muitas plantas vendidas no comércio de aquários são de facto híbridas e muitas são estéreis. A verdadeira planta nunca tem folhas que flutuam à superfície da água.

Cultivo e utilizações

O Aponogeton crispus é frequentemente cultivado como planta de aquário e é provavelmente o mais fácil e mais robusto dos *Aponogetons.* Necessita de um substrato rico em minerais e o seu crescimento é sempre melhor em água macia e ligeiramente ácida. Prefere uma iluminação moderada a brilhante a partir de cima.

Quando estas condições estão reunidas, forma-se uma massa de folhas e dá-se a floração. A propagação faz-se por semente ou por divisão cuidadosa do rizoma.

As sementes têm dois prolongamentos que, na posição horizontal, se curvam e se fixam no solo, formando as raízes. Normalmente não necessita de um período de dormência em condições de aquário, mas por vezes perde as folhas maiores e pode ficar em repouso em água mais fria durante cerca de dois meses. Prefere uma luz brilhante e tolera uma ampla gama de temperaturas, c. 15 - 32C. Dá-se melhor plantado num aquário já estabelecido devido ao seu gosto por um ambiente rico em nutrientes.

As flores podem ser polinizadas com um pincel macio e as sementes resultantes podem ser semeadas num propogueiro à temperatura ambiente normal. A germinação demora várias semanas. Quando já se vêem folhas e raízes, podem ser colocadas num vaso com um composto à base de turfa e cobertas com água.

10.8 Echinodorus Tenellus

Família: Alismataceae

Continente: América do Norte

Região: América

País de origem: Norte América

Altura: 5-10 cm

Largura: 5-8+ cm

Requisitos de luminosidade: média-muito alta

Temperatura: 19-30 °C

Tolerância à dureza: muito suave-média

Tolerância ao pH: 5,5-8

Crescimento: médio

Exigências: médias

As pequenas plantas de primeiro plano para aquários são escassas, mas o Echinodorus tenellus é uma das melhores. Os corredores espalham-se pelo aquário, e o crescimento é mais compacto quando plantado num vaso ou entre pedras ou outros objectos. Um verdadeiro efeito de "relvado" só é conseguido com intensidades de luz elevadas, pelo que se deve ter cuidado para que as plantas maiores não ofusquem a planta. Plante as plantas individuais a alguns centímetros de distância (mais fácil com uma pinça). Um fundo nutritivo favorece o crescimento.

Nota: É necessário retirar a lã de rocha à volta das plantas antes de as plantar! Em pouco tempo, terás corredores com novas plantas!

10.9. Saggitaria Folha Larga (platyphylla)

A Sagittaria platyphylla é uma planta de primeiro plano ideal para grandes aquários ou no meio de aquários mais pequenos. Forma um grupo ligeiramente disperso com os seus corredores. Uma planta nutritiva

o fundo favorece o crescimento. Se houver falta de micronutrientes, a planta torna-se pálida, indicando que o aquário pode precisar de fertilizante. É uma planta de arranque robusta que também é adequada para a água dura que se encontra em muitos aquários europeus. Esta planta já está no estado submerso e é maior do que a foto indica. (Foto cortesia de Tropica)

Nome taxonómico: *Sagittaria platyphylla* (Engelm.) J.G. Sm. **Sinónimos:** *Sagittaria graminea* var. *platyphylla* Engelm, *Sagittaria mohrii* J.G. Sm.

Nomes vulgares: ponta de flecha de folhas elípticas, sagittaria

Tipo de organismo: planta aquática,

A Sagittaria platyphylla é uma planta aquática rizomática e pode desenvolver-se em muitos habitats aquáticos. Forma infestações extensas em cursos de água pouco profundos, onde pode restringir seriamente o fluxo de água, aumentar a sedimentação e agravar as inundações. As infestações desta planta podem também deslocar plantas nativas em zonas húmidas.

Descrição

A Sagittaria platyphylla é uma planta aquática rizomatosa que pode atingir alturas de até 150 cm (EFloras.org, UNDATED). O Conselho Regional de Auckland (2002) refere que, "*S. platyphylla* tem rizomas carnudos que estão normalmente submersos abaixo da superfície da água, enquanto as folhas são mantidas acima da superfície por caules rígidos. Existem dois tipos de folhas: folhas emergentes que são lineares a ovadas, afinando abruptamente para um ponto com caules que são triangulares em secção transversal e alados em direção à base; e folhas submersas que são em forma de cinta. As flores brancas ou por vezes cor-de-rosa encontram-se em cachos de três flores na extremidade da haste floral." EFloras.org (UNDATED) relata que, "As inflorescências são racemos de 3-9 espirais. As flores podem ter 1,8 cm de diâmetro e as sépalas podem ser espalhadas ou recurvadas. As cabeças de frutificação têm 0,7-1,2 cm de diâmetro".

Espécies semelhantes

Alisma spp., Sagittaria graminea

Mais

Ocorre em:

lagos, cursos de água, zonas húmidas

Descrição do habitat

O Conselho Regional de Auckland (2002) refere que, "*S. platyphylla* cresce em água doce estática ou de movimento lento, como esgotos, riachos e margens de lagoas, até uma profundidade de 45 cm." O FNZAS (UNDATED) classifica *a S. platyphylla* como uma planta de pântano. "Na Austrália, *a S. platyphylla* tem-se tornado cada vez mais comum em canais de irrigação, drenos, riachos pouco profundos e zonas húmidas" (Parsons e Cuthbertson, 1992).

Impactos gerais

O Departamento de Conservação de Wellington (2002) afirma que, "*S. platyphylla* forma infestações extensas em cursos de água pouco profundos, onde pode restringir seriamente o fluxo de água, aumentar a sedimentação e agravar as inundações. As infestações desta planta podem também deslocar plantas nativas em zonas húmidas."

Utilizações

Parsons e Cuthbertson (1992) afirmam que *a S. platyphylla* tem sido cultivada como ornamental, o que contribuiu para a sua propagação.

Âmbito geográfico

Área de distribuição nativa: América do Norte (USDA-GRIN, 2005).

Área de introdução conhecida: Região da Australásia-Pacífico e Europa. (Conselho Regional de Auckland, 2002; GBIF, 2005.

Vias de invasão para novos locais

Para fins ornamentais: Parsons e Cuthbertson (1992) afirmam que *a S. platyphylla* tem sido cultivada como ornamental, o que contribuiu para a sua propagação.

Métodos de dispersão local

Dispersão natural (local): O Conselho Regional de Auckland (2002) afirma que "*a S. platyphylla* espalha-se localmente pelo seu sistema radicular rasteiro e para outras áreas *através de* sementes transportadas na água, por máquinas, animais selvagens e seres humanos. Podem também formar-se novas infestações através de fragmentos de rizomas transportados por máquinas de limpeza de valas e resíduos."

Nos animais: O Conselho Regional de Auckland (2002) afirma que "*a S. platyphylla* espalha-se localmente pelo seu sistema radicular rasteiro e para outras áreas *através de* sementes transportadas na água, por máquinas, animais selvagens e seres humanos. Podem também formar-se novas infestações através de fragmentos de rizomas transportados por máquinas de limpeza de valas e resíduos."

Translocação de maquinaria/equipamento (local): O Conselho Regional de Auckland (2002) afirma que "*a S. platyphylla* propaga-se localmente pelo seu sistema radicular rasteiro e para outras áreas *através de* sementes transportadas na água, por máquinas, animais selvagens e seres humanos. Podem também formar-se novas infestações através de fragmentos de rizomas transportados por maquinaria de limpeza de valas e resíduos." *Correntes de água:* O Conselho Regional de Auckland (2002) afirma que "*a S. platyphylla* espalha-se localmente pelo seu sistema radicular rasteiro e para outras áreas *através de* sementes transportadas pela água, por máquinas, animais selvagens e seres humanos. Podem também formar-se novas infestações através de fragmentos de rizomas transportados por máquinas de limpeza de valas e resíduos".

Informações de gestão

Físico: O Conselho Regional de Auckland (2002) refere que "as pequenas infestações podem ser limpas à mão ou com máquinas, mas todas as raízes, rizomas e tubérculos devem ser removidos e o material vegetal deve ser cuidadosamente eliminado".

Reprodução

O Conselho Regional de Auckland (2002) afirma que "*a S. platyphylla* propaga-se localmente pelo seu sistema radicular rasteiro e para outras áreas *através de* sementes transportadas na água, por máquinas, animais selvagens e seres humanos. Podem também formar-se novas infestações *através de* fragmentos de rizomas transportados por maquinaria de limpeza de valas e resíduos". Parsons e Cuthbertson (1992) afirmam que *a S. platyphylla* pode propagar-se a partir de sementes, rizomas e tubérculos deslocados. Plantas inteiras podem libertar-se e flutuar para novos locais.

Flores/Cabeça de semente: Inflorescência em pedúnculo sem folhas, sempre abaixo da altura das folhas, com 2-12 espirais de fls. Flores com 3 pétalas brancas e 3 sépalas, flores masculinas com cerca de 3 cm de largura e sépalas reflexas. Floresce principalmente da primavera ao outono, consoante a latitude.

Descrição: Perene aquática até cerca de 1,2 m de altura, com tubérculos geralmente formados. Folhas submersas translúcidas, em forma de fita, até 50 cm de comprimento. Folhas emergentes lanceoladas a linearlanceoladas, lâmina com 28 cm de comprimento e 10 cm de largura num longo pedúnculo. Fruto um cacho (cabeça) com 0,5-1,5 cm de diâmetro, constituído por segmentos com 1 semente, cada segmento achatado, alado, com 1,5-3 mm de comprimento.

Ervas daninhas flutuantes:

10.10 Eichhornia

Comentários sobre as ervas daninhas flutuantes

1. Mantêm-se em contacto com o ar e a água, mas não com o solo.

2. Flutuam livremente na superfície da água.

3. As folhas de algumas são minúsculas, noutras são bastante grandes.

4. Encontrada em charcos protegidos dos ventos.

5. Estas ervas daninhas são prejudiciais porque não permitem que a luz solar chegue à superfície da água.

10.11 Pistis stratiotes

1. Não estão fixados no fundo.

2. As folhas são muito grossas

3. As folhas são de um verde claro e baço, peludas e estriadas.

4. Não existem **caules** de folhas. **As raízes** são de cor clara e emplumadas.

5. **As** suas **flores** são discretas.

6. As plantas ligadas formam tapetes densos na água

10.12 Lemna minor

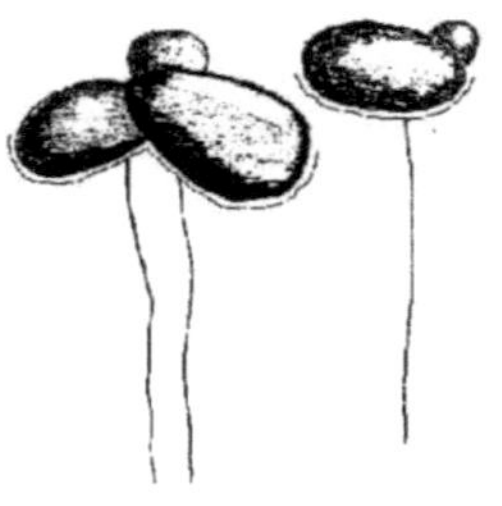

1. Lemna é um género de plantas aquáticas flutuantes da família das lentilhas.

2. A maioria é pequena, não excedendo 5 mm de comprimento.

3. As plantas são pequenos discos redondos, de cor verde brilhante, cada um com uma única raiz.

4. Não tem folhas verdadeiras. O corpo semelhante a uma folha é chamado de talo.

5 circulares a ovais, 2-5 mm de diâmetro; ocorrem como plantas isoladas ou até cinco plantas podem estar ligadas.

6. Flutuam à superfície da água.

7. Caule: Nenhum. Flor: Minúscula, raramente vista. Surge de uma bolsa no talo.

8. Fruto: Pouco visível, geralmente com 1 semente.

9. Raiz: Menor: Uma única raiz curta pende da parte inferior de cada planta. Estrela: Muitas vezes sem raiz.

10.13 ***Azola***

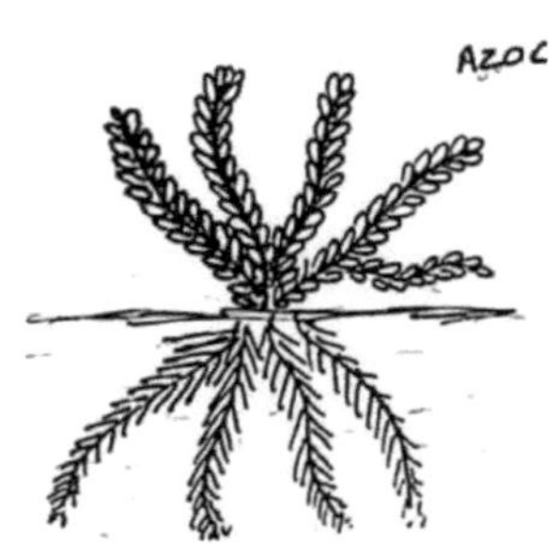

1. Vulgarmente designado por feto-dos-mosquitos.

2. Um feto aquático anual que flutua livremente com 0,8-2,5 cm de comprimento,

3. Folhas minúsculas em forma de escama com 2 lóbulos.

4. Cada lóbulo tem 1-2 mm de comprimento.

5. Folhas verdes ou vermelhas, dando frequentemente à superfície da água um aspeto avermelhado.

6. Caule principal com ramos pinados.

7. Os ramos são mais compridos em direção à base, dando à planta uma forma triangular.

8. Raízes com finas radículas laterais, de aspeto plumoso. Produz esporos masculinos e femininos.

Ervas daninhas emergentes:

10.14 ***Nymphaea***

Comentários

1. São plantas de superfície cujas folhas e flores flutuam na água.

2. Estão enraizadas no fundo do lago.

3. Geralmente encontrado em águas baixas.

4. Há pequenas flores acima da superfície da água.

5. As flores são simpétalas, na maioria das vezes divididas em cinco lóbulos (pétalas).

6. As pétalas são amarelas ou brancas,

Ervas daninhas submersas:

10.15 ***Vallisneria***

Observações sobre as ervas daninhas submersas

1. Vulgarmente designada por **erva-elástica** ou **erva-de-fita.**

2. As plantas crescem sob a superfície da água e podem não estar enraizadas.

3. O caule é longo, com folhas pequenas. As folhas têm as pontas arredondadas e as nervuras bem salientes.

4. As folhas são estreitas e em forma de fita.

5. A Vallisneria é uma planta submersa que se propaga através de

estolhos e que, por vezes, forma altos prados subaquáticos.

6. O fruto da erva-de-fita é uma cápsula semelhante a uma banana com muitas sementes minúsculas.

10.16 **Hydrilla**

1. Hydrilla é um género de plantas aquáticas, geralmente tratado como contendo apenas uma espécie.

2. Tem rizomas esbranquiçados a amarelados que crescem em sedimentos H' no fundo da água até 2 m de profundidade. Msp'

3. Os caules crescem até 1-2 m de comprimento.

4. As folhas estão dispostas em espirais de duas a oito à volta do caule.

5. Cada folha tem 5-20 mm de comprimento e 0,7-2 mm de largura, com serrilhas ou pequenos espinhos ao longo das margens da folha; a nervura central da folha é frequentemente avermelhada quando fresca.

6. Flores masculinas e femininas produzidas separadamente numa única planta

7. As flores são pequenas, com três sépalas e três pétalas, as pétalas com 3-5 mm de comprimento, transparentes com estrias vermelhas.

10.17 **Ceratophyllum**

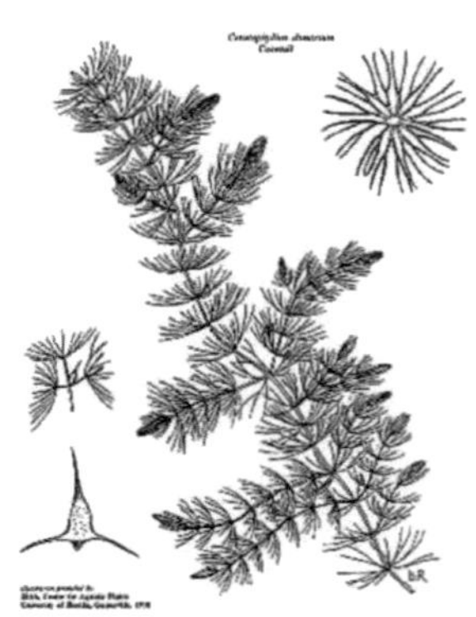

O Ceratophyllum é encontrado em lagoas, pântanos e riachos tranquilos em regiões tropicais e temperadas.

1. São normalmente designadas por hornworts.

2. Os caules das plantas podem atingir 1-3 m de comprimento.

3. Em intervalos ao longo dos nós do caule, produzem anéis de folhas

verdes brilhantes, que são estreitas e frequentemente muito ramificadas.

4. As folhas bifurcadas são quebradiças e rígidas ao tato em algumas espécies, sendo mais macias noutras.

5. As plantas não têm quaisquer raízes, mas por vezes desenvolvem folhas modificadas com um aspeto semelhante a uma raiz, que fixam a planta ao fundo.

6. As flores são pequenas e discretas, com as flores masculinas e femininas na mesma planta.

7. Nos lagos, forma botões grossos no outono que se afundam no fundo, dando a impressão de terem sido mortos pela geada, mas na primavera voltam a crescer e formam longos caules que enchem lentamente o lago.

8. As plantas de Hornwort flutuam em grande número mesmo debaixo da superfície.

9. Oferecem uma excelente proteção às crias de peixe, mas também aos caracóis infectados com bilharziose.

10. Devido ao seu aspeto e à sua elevada produção de oxigénio, são frequentemente utilizados em aquários de água doce.

10.18 Myriophyllum

1. O exótico mil-folhas-de-água euro-asiático está submerso.

2. Tolera uma vasta gama de condições de água e forma frequentemente grandes infestações .

3. Os caules do mil-folhas-de-água da Eurásia são castanho-avermelhados a rosa-esbranquiçados.

4. São ramificadas e geralmente crescem até comprimentos de 1 a 2 metros.

5. As folhas são profundamente divididas, macias e semelhantes a penas.

6. As folhas têm cerca de dois centímetros de comprimento.

7. As folhas estão dispostas em espirais de três a seis folhas à volta do caule.

8. As flores do mil-folhas-de-água euro-asiático são avermelhadas e muito pequenas.

9. São mantidas acima da água numa espiga de flores emersas com vários centímetros de comprimento.

Ervas daninhas marginais:

10.19 Typha

1. As suas folhas são esponjosas, em forma de cinta, e os seus caules rasteiros (rizomas) são ricos em amido.

2. As folhas são alternas e, na sua maioria, basais a uma simples.

3. caule menos articulado que acaba por dar origem às flores.

4. Os rizomas espalham-se horizontalmente sob a superfície do solo lamacento para dar início a um novo crescimento vertical, e a propagação das taboas é uma parte importante do processo de conversão de massas de água abertas em pântanos com vegetação e, eventualmente, em terra firme.

5. As plantas de Typha são monóicas, polinizadas pelo vento e apresentam flores unissexuais que se desenvolvem em espigas densas e complexas.

6. A haste da flor masculina desenvolve-se no topo do caule vertical, acima da haste da flor feminina.

7. As flores masculinas (estaminadas) estão reduzidas a um par de estames e pêlos.

8. O denso conjunto de flores femininas forma uma espiga cilíndrica com cerca de 10 a 40 cm de comprimento e 1 a 4 cm de largura.

9. As sementes são minúsculas (com cerca de 0,2 mm de comprimento) e estão presas a um pelo ou caule fino, o que permite a sua dispersão pelo vento.

10. As Typha são frequentemente as primeiras plantas das zonas húmidas a colonizar áreas de lama húmida recentemente exposta.

10.20 Cyperus

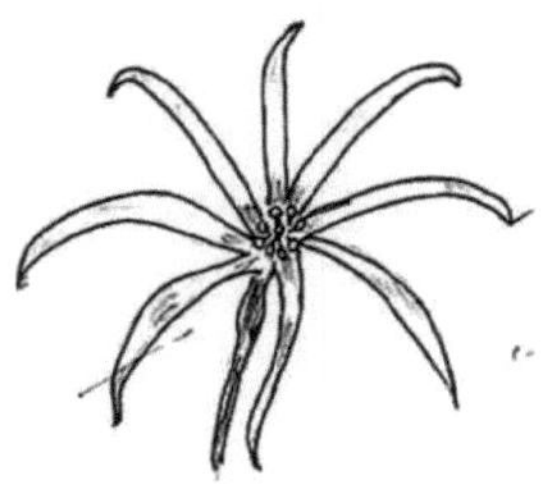

1. Distribuída por todos os continentes, tanto em regiões tropicais como temperadas.

2. São plantas anuais ou perenes, maioritariamente aquáticas e que crescem em águas paradas ou de movimento lento até 0,5 m de profundidade.

3. As espécies variam muito em tamanho, com espécies pequenas com apenas 5 cm de altura, enquanto outras podem atingir 5 m de altura.

4. Os nomes comuns incluem juncos papiros, juncos planos, juncos nozes, juncos guarda-chuva e "galingales"

5. Os caules são de secção circular nalguns casos e triangular noutros.

6. Geralmente sem folhas na maior parte do seu comprimento, com as folhas delgadas semelhantes a gramíneas na base da planta e em espiral no ápice dos caules floridos.

7. As flores são esverdeadas e polinizadas pelo vento; são produzidas em cachos entre as folhas apicais. A semente é uma pequena noz.

10.21 Ipomeia

1. Esta planta perene tropical, aquática e rasteira é vulgarmente conhecida como espinafre-d'água.

2. Produz tufos extensos de folhas verdes pontiagudas e, ocasionalmente, belas flores cor-de-rosa do tipo Morning Glory.

3. Esta planta é cultivada no Extremo Oriente pelos seus caules, folhas jovens e rebentos comestíveis.

4. O espinafre-d'água pode permanecer ao ar livre durante todo o ano apenas em climas tropicais.

5. Noutras regiões, pode ser invernada dentro de casa ou numa estufa aquecida sob fortes luzes de crescimento.

6. Se for cultivada num vaso, é necessário fixar uma treliça ao recipiente para que possa trepar.

7. Quando cultivada num lago, plantar em recipientes de 5 galões e deixar que até 3 polegadas de água cubram a coroa.

8. Esta planta pode ser aumentada por divisão ou por enraizamento de estacas e estolhos.

9. De crescimento rápido, são perfeitas para treliças, cercas, cestos suspensos ou paredes.

10. Desenvolvem-se a pleno sol ou à sombra parcial em quase todos os solos.

11. A maioria cresce até 15-20 pés de comprimento.

12. As sementes podem ser semeadas diretamente no jardim.

10.22 Sagittaria sagittifolia

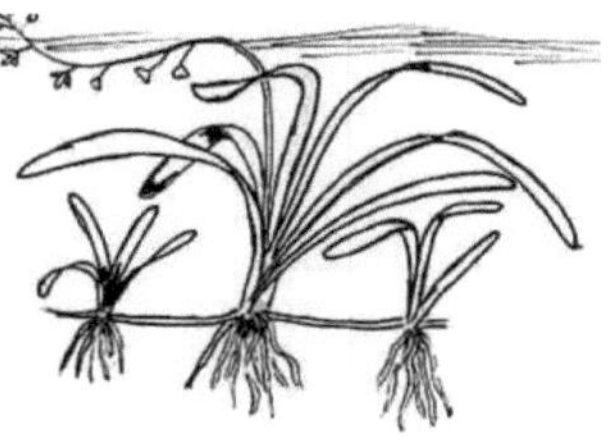

1. Sagittaria é um género de cerca de 20 espécies de plantas aquáticas cujos membros são conhecidos por uma variedade de nomes comuns, incluindo arrowhead, duck potato, katniss, kuwai, swan potato, tule potato e wapatoo.

2. Plantas frequentemente estoloníferas e tuberíferas.

3. Folhas aéreas, flutuantes ou submersas.

4. Flores unissexuadas ou poligâmicas, em umbelas, racemos ou panículas com flores femininas ou hermafroditas na base e flores masculinas por cima ou, ocasionalmente, com as flores todas masculinas ou todas femininas.

5. Estames geralmente numerosos.

6. Carpelos numerosos, dispostos em espiral, livres, cada um com 1 óvulo; estilos apicais ou subventrais. Frutos aquénios, comprimidos lateralmente, oblíquos obovados, com as margens aladas, com bico apical ou ventral.

7. É uma planta herbácea perene, que cresce em água a uma profundidade de 10-50 cm.

8. As folhas acima da água têm forma de ponta de seta, a lâmina foliar tem 15-25 cm de comprimento e 10-22 cm de largura, num pecíolo longo que mantém a folha até 45 cm acima do nível da água.

9. A planta também tem folhas submersas lineares estreitas, com até 80 cm de comprimento e 2 cm de largura. As flores têm 2-2,5 cm de largura, com três pequenas sépalas e três pétalas brancas, e numerosos estames roxos.

Capítulo 11. Recolha e identificação de parasitas e vermes de peixes.

11.1 Podridão da cauda ou das barbatanas

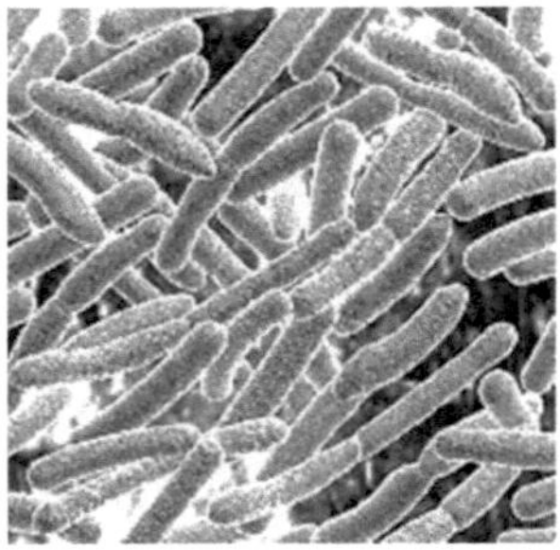

Visão geral:

Nomes: Apodrecimento das barbatanas, apodrecimento da cauda

Tipo de doença: Bacteriana (organismo gram-negativo)

Causa / Organismo: Aeromonas, Pseudomonas fluorescens ou Vibrio

A podridão das barbatanas é uma das doenças mais comuns e mais evitáveis nos peixes de aquário. Embora seja causada por vários tipos de bactérias e ocorra frequentemente em simultâneo com outras doenças, a causa principal da podridão das barbatanas é sempre de natureza ambiental. O stress dos peixes é também um fator que contribui para a podridão das barbatanas. Quando os peixes são deslocados, sujeitos a sobrelotação ou associados a peixes agressivos que perseguem e mordiscam as suas barbatanas, ficam mais susceptíveis à podridão das barbatanas. A podridão das barbatanas pode ser difícil de curar, particularmente nas fases mais avançadas. Se não for tratada, acabará por matar o peixe doente e infetar também todos os outros peixes do aquário.

Sintomas:

Os bordos das barbatanas ficam brancos

Barbatanas desgastadas

Bases das barbatanas inflamadas

Toda a barbatana pode apodrecer

Nas fases iniciais da podridão das barbatanas, as extremidades das barbatanas descolorem, aparecendo com uma cor leitosa nas extremidades. Muitas vezes, esta alteração é tão subtil que passa despercebida até as barbatanas ou a cauda começarem a desfiar. À medida que a infeção se espalha, pequenos pedaços das barbatanas morrem e começam a cair, deixando uma borda esfarrapada. Com o passar do tempo, as barbatanas tornam-se cada vez mais curtas, à medida que a carne morta continua a desprender-se das barbatanas afectadas. A zona afetada pode ficar vermelha e inflamada, aparecendo manchas de sangue à medida que mais tecido é corroído. É comum o desenvolvimento de infecções fúngicas secundárias ao longo dos bordos crus das barbatanas. Não é raro que a colunaris (lã de algodão) também esteja presente ao mesmo tempo que a podridão das barbatanas, devido a factores ambientais.

A podridão da cauda e das barbatanas parece ser uma infeção bacteriana da cauda e/ou das barbatanas e pode ser causada por condições geralmente más, por agressores ou por companheiros de aquário que mordem as barbatanas. Se as condições do aquário não forem boas, uma infeção pode ser causada por uma simples lesão nas barbatanas/cauda. A tuberculose pode levar ao apodrecimento da cauda e das barbatanas. Basicamente, a cauda e/ou as barbatanas ficam desgastadas ou perdem a cor. Com o tempo, a zona afetada vai-se decompondo lentamente.

Em primeiro lugar, tentar determinar a causa. Depois, tratar em conformidade. Além disso, tratar a água ou os peixes com antibióticos. Se forem adicionados à água, utilizar 20 - 30 mg por litro. Se o peixe tiver de ser tratado, adicionar um antibiótico à comida. Com comida em flocos, usar cerca de 1% de antibiótico e misturá-lo cuidadosamente. Se se mantiver o peixe com fome, ele deve comer avidamente a mistura antes que o antibiótico se dissipe. Os antibióticos vêm geralmente em cápsulas de 250 mg. Se adicionados a 25 gramas de comida em flocos, uma cápsula deve ser suficiente para tratar dezenas de peixes. Um bom antibiótico é a cloromicetina (cloranfenicol) ou a tetraciclina. Se alimentar os seus peixes com alimentos congelados ou picados, tente usar a mesma proporção com a mistura. Como último recurso, adicione, no máximo, 10 mg por litro de água. Além disso, se a causa suspeita for a falta de cuidado, corrija-a

Tratamento:

Corrigir a causa principal

Mudança de água

Tratamento com antibióticos

Adição de sal de aquário

A podridão das barbatanas é causada por uma de várias bactérias gram negativas. Vários antibióticos são eficazes; no entanto, a causa de base também deve ser tratada para garantir que a doença não volte.

A doença ocorre quando os peixes ficam stressados por algo no ambiente. As causas mais comuns do apodrecimento das barbatanas são a má qualidade da água e a temperatura inadequadamente baixa da água. A sobrelotação do aquário, a alimentação com comida desactualizada ou em excesso, e o movimento ou manuseamento dos peixes também podem causar stress que leva ao apodrecimento das barbatanas. O tratamento deve incluir uma mudança de água e um exame cuidadoso das condições do aquário. Se houver restos de comida, aspirar o areão e ter o cuidado de evitar a sobrealimentação no futuro. Comece a colocar datas na sua comida de peixe, uma vez que esta perde o conteúdo vitamínico muito rapidamente depois de ser aberta. Alimentar os peixes com comida fresca e de alta qualidade, em pequenas quantidades, é muito melhor do que dar grandes quantidades de comida estragada. Verifique o pH e a temperatura da água e certifique-se de que são adequados para os seus peixes. Um pH incorreto é muito stressante para os peixes e pode levar a doenças. As baixas temperaturas da água, particularmente em peixes com barbatanas longas e fluidas, podem frequentemente provocar a podridão das barbatanas. Uma vez corrigida a causa principal, os antibióticos curam geralmente a doença. Recomenda-se o tratamento com um medicamento que seja eficaz contra organismos gram-negativos. Os medicamentos Cloranfenicol, Oxitetraciclina e Tetraciclina são boas escolhas. Tratar sempre de acordo com as instruções do fabricante, uma vez que as preparações podem variar de fabricante para fabricante. É particularmente importante continuar o tratamento durante o período de tempo recomendado, uma vez que terminar o tratamento demasiado cedo pode resultar numa recorrência da infeção. A utilização de sal de aquário é benéfica para os peixes vivos, mas deve ser evitada em peixes como o peixe-gato sem escamas, uma vez que são bastante sensíveis ao sal.

Prevenção:

- Manter a boa qualidade da água
- Efetuar a manutenção regular do depósito
- Manter os parâmetros da água adequados

Dar alimentos frescos em pequenas quantidades

Dar alimentos frescos em pequenas quantidades

A melhor prevenção contra a podridão das barbatanas é uma boa manutenção do aquário. Mudar a água regularmente, aspirar o areão e monitorizar a química da água através de um calendário regular de testes e documentar os resultados. Isto permitir-lhe-á reparar rapidamente nas alterações químicas da água que ocorrem ao longo do tempo, dando-lhe a oportunidade de corrigir os problemas antes que se tornem graves. Não sobrelotar o aquário e estar atento a sinais de lutas entre peixes.

Quando alimentar, mantenha o volume baixo. A sobrealimentação é o erro mais comum cometido por todos os donos de peixes e contribui para uma má qualidade da água. Certifique-se de que utiliza alimentos frescos. Se a lata tiver estado aberta durante meio ano, perdeu a maior parte do seu valor nutricional. Compre alimentos em recipientes suficientemente pequenos para poderem ser utilizados dentro de um ou dois meses. Tenha cuidado ao escolher companheiros de aquário para peixes que tenham barbatanas longas e fluidas, uma vez que a mordidela das barbatanas torna os peixes mais susceptíveis à podridão das barbatanas. Também é importante manter a temperatura da água suficientemente quente para os peixes com barbatanas longas, uma vez que as baixas temperaturas da água promoverão a podridão das barbatanas em espécies de peixes com barbatanas longas.

11.2 Protrusão de escamas

A saliência das escamas é essencialmente uma infeção bacteriana das escamas e/ou do corpo. Uma variedade de bactérias pode ser a culpada, tal como as condições do aquário que não estão a ser bem cuidadas.

Um tratamento eficaz consiste em adicionar um antibiótico ao alimento. Com comida em flocos, usar cerca de 1% de antibiótico e misturá-lo cuidadosamente. Se mantiver os peixes com fome, eles devem comer avidamente a mistura antes que o antibiótico se dissipe. Os antibióticos vêm geralmente em cápsulas de 250 mg. Se adicionados a 25 gramas de comida em flocos, uma cápsula deve ser suficiente para tratar dezenas de peixes. Um bom antibiótico é a cloromicetina (cloranfenicol). Ou use tetraciclina. Se alimentar os seus peixes com comida congelada ou picada, tente usar a mesma proporção na mistura. Como último recurso, adicione, no máximo, 10 mg por litro de água. Além disso, se a causa suspeita for a falta de cuidado, corrija-a.

Sintomas: Aumento de escamas, queda de escamas

Nas fases iniciais, as escamas sobressaem em manchas (caso contrário, o peixe parece saudável). À medida que a doença progride, as escamas começam a sobressair por todo o corpo. Isto é causado pela formação de pequenas bolhas cheias de líquido seroso (pústulas). Estas pústulas situam-se por baixo da pele, nos locais onde as escamas estão fixas. Por vezes, ocorre a perda de escamas. A formação de pústulas, a protrusão das escamas e a perda de escamas causam a perturbação das trocas gasosas, o que é particularmente perigoso para os peixes jovens, cujo aparelho branquial não está bem desenvolvido e para os quais a respiração dérmica é muito importante. O diagnóstico não pode basear-se apenas nestes sintomas, uma vez que a protrusão das escamas é observada em peixes infectados com Mycobacteriosis e Ichthyosporidium. É necessário efetuar um exame microscópico de esfregaços do conteúdo das pústulas e dos tecidos adjacentes. Pode ser necessário efetuar exames microbiológicos de inoculações da hipoderme e das vísceras (rins, fígado, coração e baço).

Descrição:

A descamação de escamas, também conhecida como protrusão infecciosa de escamas, é uma doença comum dos peixes de aquário. Pensa-se que é causada pelas bactérias Aeromonas punctata e Pseudomonas fluorescens. A doença atinge lentamente proporções epizoóticas e é frequentemente fatal. As bactérias que causam a doença estão amplamente disseminadas na natureza e são trazidas para os aquários a partir de reservatórios naturais. A doença pode ser transmitida por peixes infectados que não tenham sido colocados em quarentena antes de serem introduzidos no aquário, bem como através da água, areão e plantas de aquários infectados. Os peixes também podem ser infectados através da utilização de redes e de outros equipamentos utilizados em vários aquários.

Como curar:

A doença só pode ser tratada se for apanhada nas fases iniciais, quando as escamas se formam em manchas. Os antibióticos Bicillin -5, Biomycin ou Sulfanilamide (Streptocide branco) são usados para tratar a queda de escamas. O Violeta K básico pode ser utilizado se os peixes forem tratados num tanque separado. Os peixes que apresentem uma protrusão extensa de escamas devem ser eliminados. Desinfetar o aquário, o equipamento de pesca e outro equipamento com soluções a 5% de HCl (ácido clorídrico) e H2SO4 (ácido sulfúrico) ou cloramina. O areão deve ser fervido ou temperado como meio de desinfeção. As plantas são tratadas com uma solução de Bicillin-5.

Medicamentos: Sera Ectopur

Sera Baktopur direto

TetraMedica Tónico Geral

TetraMedica FungiStop

Aquarium Pharmaceuticals Melafix totalmente natural

Aquarium Pharmaceuticals Triple Sulfa

Aquarium Pharmaceuticals E.M. Comprimidos

Aquarium Pharmaceuticals Furano-2

Bicilina-5

Biomicina

Sulfanilamida (estreptocida branco)

Violeta básico K

11.3 Dropsia

Sintomas: Inchaço do corpo, escamas salientes.

A hidropisia é causada por uma infeção bacteriana dos rins, provocando a acumulação de fluidos ou insuficiência renal. Os fluidos no corpo acumulam-se e fazem com que o peixe inche e as escamas fiquem salientes. Parece que só causa problemas em peixes enfraquecidos e possivelmente devido a condições de aquário pouco cuidadas.

Um tratamento eficaz consiste em adicionar um antibiótico ao alimento. Com comida em flocos, usar cerca de 1% de antibiótico e misturá-lo cuidadosamente. Se mantiver os peixes com fome, eles devem comer avidamente a mistura antes que o antibiótico se dissipe. Os antibióticos vêm geralmente em cápsulas de 250 mg. Se adicionados a 25 gramas de comida em flocos, uma cápsula deve ser suficiente para tratar dezenas de peixes. Um bom antibiótico é a cloromicetina (cloranfenicol). Ou use tetraciclina. Se alimentar os seus peixes com comida congelada ou picada, tente usar a mesma proporção na mistura. Como último recurso, adicione, no máximo, 10 mg por litro de água. Além disso, se a causa suspeita for a falta de cuidado, corrija-a. A hidropisia (também conhecida como edema) não é uma doença mas sim um sintoma, não existindo um único agente patogénico ou veneno responsável por todos os casos. É facilmente confundida com uma variedade de outras coisas, pelo que um diagnóstico cuidadoso é essencial antes de se poder iniciar o tratamento.

Identificação

Os peixes com hidropisia estão obviamente inchados, particularmente à volta do abdómen. Quando vistos de cima, as escamas sobressaem muitas vezes, dando ao peixe um aspeto de pinha e cerdas. Os peixes que sofrem de hidropisia são frequentemente letárgicos, pouco coloridos e desinteressados pela comida.

A ligação dos ovos (distocia) pode fazer com que as fêmeas fiquem inchadas, embora sem as escamas salientes. Sem assistência veterinária, esta situação resulta invariavelmente na morte do peixe. Os veterinários podem remediar a ligação dos ovos utilizando a hormona oxitocina. Embora a fixação de ovos seja raramente registada entre os peixes de aquário, pode ser responsável pela mortalidade de certas espécies que não querem ou não podem desovar em cativeiro, como as botias e as enguias. Um problema semelhante ocorre com os vivíparos mais sensíveis, como os halfbeaks, quando a descendência não nasce normalmente. Também neste caso, a fêmea incha rapidamente e acaba por morrer.

Nem todo o inchaço abdominal é anormal ou perigoso. As fêmeas tornam-se nitidamente arredondadas quando estão maduras com ovos ou carregam embriões em desenvolvimento.

Ao contrário da hidropisia, as escamas não sobressaem e a fêmea tem um aspeto, alimentação e comportamento normais. De facto, as fêmeas em condições de reprodução podem tornar-se nitidamente mais brincalhonas, mostrando frequentemente cores mais vivas e envolvendo-se em vários comportamentos reprodutivos, como a construção de ninhos.

Curiosamente, os machos da espécie de killifish africano *Pachypanchax playfairidevolvem* escamas salientes quando desovam, e estes peixes podem facilmente ser considerados como estando a sofrer de hidropisia.

A hidropisia também pode ser confundida com obstipação, um problema comum entre os peixes herbívoros que não recebem alimentos verdes suficientes em cativeiro. Os peixes com prisão de ventre não têm escamas salientes, mas normalmente produzem fezes fibrosas e podem ter dificuldade em nadar normalmente (este último sintoma é muito comum nos peixes dourados de luxo). A obstipação é tratada mudando para alimentos ricos em fibras, como ervilhas enlatadas. O sal de Epsom é um laxante útil e pode ser adicionado à água numa dose de 1 colher de chá por cada 5 galões.

Patologia

O sintoma a que chamamos "hidropisia" é essencialmente uma acumulação de fluidos na cavidade do corpo. À medida que o corpo incha, as escamas do corpo são forçadas para fora, causando o aspeto de pinha do peixe quando visto de cima.

A hidropisia pode ser provocada por vários factores, embora as causas mais comuns sejam as infecções bacterianas oportunistas provocadas por condições ambientais desfavoráveis. Certas infecções virais e por protozoários também podem causar hidropisia. O Iridovírus do Gourami Anão (DGIV) causa um conjunto de sintomas, incluindo hidropisia. Entre as espécies de peixes de aquário, apenas o gourami anão (*Colisa lalia)* é afetado por este vírus. O parasita protozoário *Hexamita,* responsável pela doença do buraco na cabeça, pode também causar hidropisia, para além dos seus sintomas habituais de fezes brancas e fibrosas e da erosão das fossas sensoriais na cabeça e nos flancos. *A hexamita* afecta principalmente os ciclídeos e os peixes perciformes marinhos, como os espigões e as libelinhas. O tratamento é feito com metronidazol, mas quando a hidropisia se desenvolve, o prognóstico é geralmente mau.

As causas do inchaço do Malawi são obscuras, mas três factores foram identificados pelos veterinários como significativos: dieta, qualidade da água e uso inadequado de sal (cloreto de sódio). Muitos ciclídeos africanos são herbívoros na natureza. As dietas pobres em verduras e fibras, mas ricas em proteínas e gorduras, podem predispor essas espécies ao inchaço do Malawi. A qualidade da água é importante para a manutenção dos ciclídeos em geral, mas com os ciclídeos do Vale do Rift em particular, é essencial assegurar níveis zero de amónia e nitritos, bem como níveis de nitratos não superiores a 20 mg/l.

O sal tem sido por vezes usado em aquários que albergam ciclídeos do Lago Malawi e Tanganica na crença errada de que irá endurecer a água e aumentar o pH. De facto, não faz nem uma coisa nem outra, e o inchaço do Malawi parece ser mais comum em aquários onde se usa sal. Se a água do aquário precisar de ser endurecida, deve ser sempre usada uma mistura de sal apropriada para o Malawi ou para os ciclídeos.

Tratamento

Tanto a hidropisia como o inchaço do Malawi são extremamente difíceis de tratar. Quando a retenção de fluidos no corpo faz com que as escamas sobressaiam, já se registaram danos graves. No caso dos peixes pequenos, como os tetras e os guppies, as hipóteses de recuperação são mínimas e o melhor é eutanasiar esses peixes.

A hidropisia causada por infecções bacterianas sistémicas pode ser tratada em peixes maiores, como ciclídeos e peixes dourados, com antibióticos (por exemplo, eritromicina ou minociclina). Embora o prognóstico não seja bom, pelo menos alguns peixes recuperam, particularmente quando a doença é detectada precocemente e as condições da água são optimizadas. Suplementar o uso de antibióticos com a adição de sal de Epsom numa dose de 1 colher de chá por cada 5 a 10 galões e aumentando a temperatura para 82 a 86 graus Fahrenheit.

O inchaço do Malawi é normalmente tratado com metronidazol. Se o peixe ainda se estiver a alimentar, podem ser usados alimentos doseados com metronidazol. Em alternativa, podem ser adicionadas à água doses até 50 mg por litro, embora isto tenda a ser muito menos eficaz.

Prevenção

Como a hidropisia e o inchaço do Malawi são tão difíceis de tratar, a prevenção é importante. A otimização da química e da qualidade da água é fundamental, e deve ter-se o cuidado de escolher alimentos apropriados para os peixes que estão a ser mantidos.

Doenças fúngicas

11.4 Fungo (Saprolegnia)

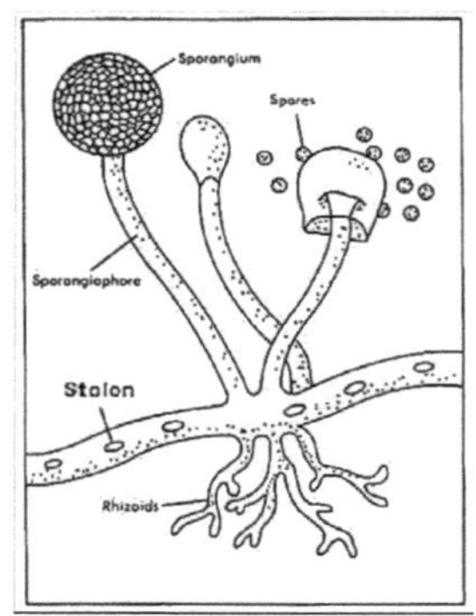

Sintomas: Tufos de sujidade, tipo algodão, crescem na pele, podem cobrir grandes áreas do peixe, os ovos ficam brancos. Os ataques de fungos seguem sempre um outro problema de saúde, como um ataque parasitário, uma lesão ou uma infeção bacteriana. Os sintomas são um crescimento cinzento ou esbranquiçado na pele e/ou nas barbatanas do peixe. Eventualmente, se não forem tratados, estes crescimentos tornar-se-ão de aspeto cotonoso. O fungo, se não for tratado, acabará por corroer o peixe até que este acabe por morrer.

Depois de verificar a causa inicial do fungo e de a remediar, utilizar uma solução de fenoxetol a 1% em água destilada. Adicionar 10 ml desta solução por litro de água do aquário. Repetir após alguns dias, se necessário, mas apenas uma vez, pois três tratamentos podem ser perigosos para os habitantes do aquário. Se os sintomas forem graves, os peixes podem ser retirados do aquário e esfregados com um pano que tenha sido tratado com pequenas quantidades de iodo povidona ou mercurocromo. No caso de ataques a ovos de peixes, a maior parte dos criadores utiliza uma solução de azul de metileno adicionando 3 a 5 mg/l como medida preventiva após a postura dos ovos.

11.5Ichthyosporidium

Sintomas: Lentidão, perda de equilíbrio, barriga oca, quistos e feridas externas. O Ichthyosporidium é um fungo, mas manifesta-se internamente. Ataca principalmente o fígado e os rins, mas espalha-se por todo o lado. Os sintomas são variados. Os peixes podem tornar-se lentos, perder o equilíbrio, apresentar barrigas ocas e, eventualmente, apresentar quistos ou feridas externas. Nessa altura, é geralmente demasiado tarde para o peixe.

O tratamento é difícil. O fenoxetol adicionado aos alimentos sob a forma de uma solução a 1% pode ser eficaz. A cloromicetina adicionada à comida também tem sido eficaz. Mas ambos os tratamentos, se não forem observados com precaução, podem constituir um risco para os peixes. É melhor, se diagnosticado suficientemente cedo, destruir os peixes afectados antes que a doença se possa espalhar.

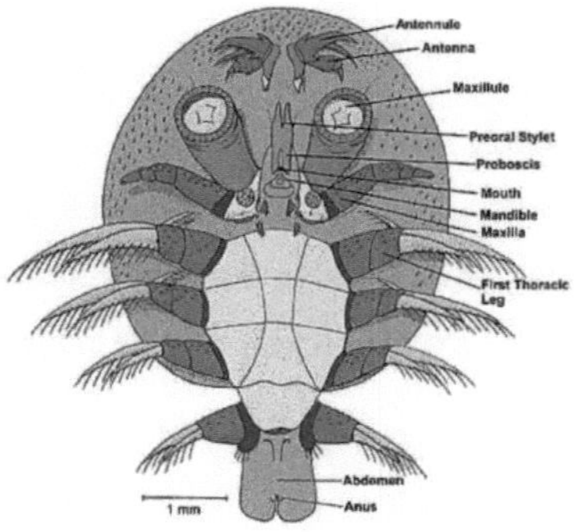

Doenças parasitárias

11.6. *Piolho dos peixes (Argulus)*

Sintomas: O peixe raspa-se contra objectos, as barbatanas ficam presas, são visíveis parasitas com cerca de 1 cm de diâmetro no corpo do peixe.

O piolho dos peixes é um crustáceo achatado, semelhante a um ácaro, com cerca de 5 mm de comprimento, que se fixa ao corpo dos peixes. Irritam o peixe hospedeiro, que pode ter as barbatanas fechadas, ficar inquieto e mostrar áreas inflamadas onde os piolhos estiveram.

Com peixes maiores e infestações ligeiras, os piolhos podem ser apanhados com um par de pinças. Noutros casos a melhor solução é um banho de 10 a 30 minutos em 10 mg por litro de permanganato de potássio. Ou tratar todo o aquário com 2 mg por litro, mas este método é confuso e tinge a água.

11.7. Verme-âncora (Lernaea)

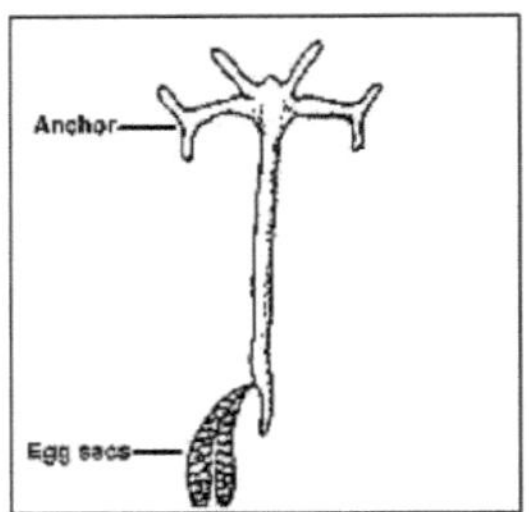

Sintomas: O peixe raspa-se contra objectos, fios verde-esbranquiçados saem da pele do peixe com uma área inflamada no ponto de fixação. Os vermes-âncora são, na realidade, crustáceos. Os juvenis nadam livremente e penetram na pele, penetram nos músculos e desenvolvem-se durante vários meses antes de se manifestarem. Libertam ovos e morrem. Os buracos deixados para trás são feios e podem ficar infectados.

O verme-âncora está demasiado profundamente enterrado para ser removido com segurança. A melhor forma de o tratar é através de um banho de 10 a 30 minutos em 10 mg por litro de permanganato de potássio. Ou tratar todo o aquário com 2 mg por litro, mas este método é confuso e tinge a água.

11.8. Ponto negro

Sintomas: O peixe, muito irritado, raspa-se contra objectos, aparece como pequenas manchas pretas no corpo e à volta da boca e, se estiver muito infetado, pode ter perdas de sangue.

A Mancha Negra ou Black Ick é rara em aquários. É geralmente observada em lagos ao ar livre, especialmente aqueles com fundos de lama, mas pode ser introduzida quando se adicionam novos peixes ao aquário. Os peixes mais susceptíveis são o Silver Dollar, a Piranha ou outros peixes deste tipo. Em geral, causa relativamente poucos danos aos peixes, mesmo que estejam muito infestados.

A doença é causada por um parasita (larva trematódea) que se introduz na pele do peixe, onde forma um quisto com cerca de um milímetro de diâmetro. Tem um estilo de vida complexo que, para sobreviver, requer que o peixe coma aves ou animais, caracóis ou peixes em diferentes fases infectados com a doença. A mancha negra é geralmente fácil de curar. Pode ser tratada com banhos de sal ou existem vários tratamentos e preventivos disponíveis no mercado.

11.9. Ergasilus

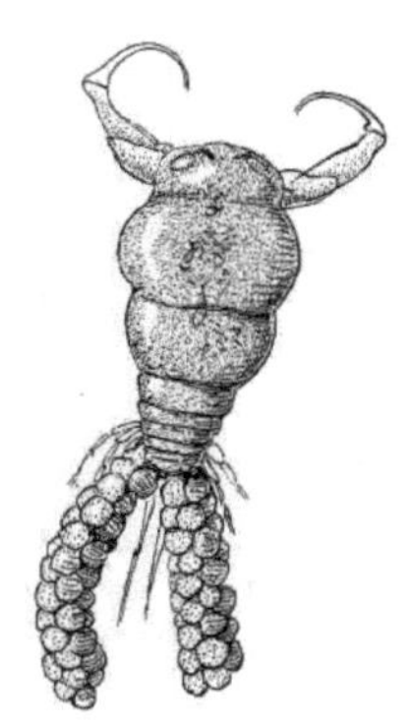

Sintomas: O peixe raspa-se contra objectos e fios verde-esbranquiçados saem das guelras do peixe. Este parasita é semelhante ao verme-âncora, mas é mais pequeno e ataca as guelras em vez da pele. A melhor forma de o tratar é através de um banho de 10 a 30 minutos em 10 mg por litro de permanganato de potássio. Ou tratar todo o aquário com 2 mg por litro, mas este método é confuso e tinge a água.

11.10. Flukes

Sintomas: O peixe raspa-se contra objectos, movimento rápido das guelras, muco que cobre as guelras ou o corpo, as guelras ou as barbatanas podem ser comidas, a pele pode ficar avermelhada. Existem muitas espécies de vermes, que são vermes achatados com cerca de 1 mm de comprimento, e vários sintomas que são visíveis. Infestam as guelras e a pele de forma muito semelhante ao líquen, mas a diferença pode ser vista com uma lente de mão. Deverá ser possível ver movimento e, possivelmente, manchas nos olhos, o que não se verifica no ich. As brânquias acabam por destruir as guelras, matando o peixe. Os sintomas de uma infestação pesada são peixes pálidos com barbatanas caídas, respiração rápida, olhar para a decoração do aquário e/ou barrigas ocas.

O melhor tratamento pode ser efectuado através de um banho de 10 a 30 minutos em 10 mg por litro de permanganato de potássio. Ou tratar todo o aquário com 2 mg por litro, mas este método é confuso e tinge a água.

11.11Nematoda

Sintomas: Vermes pendurados no ânus. Os nemátodos (vermes) infectam praticamente todo o corpo, mas só se manifestam quando estão pendurados no ânus. Uma infestação intensa provoca barrigas ocas. As infestações mais ligeiras normalmente não causam problemas aos peixes.

Para além da destruição dos peixes, que é mais fácil, foram sugeridos dois tratamentos. Primeiro tratamento; embeber a comida em paraclorometaxilenol e dar um banho aos peixes ou tratar o aquário com 10 ml por litro. O banho deve durar vários dias. Segundo tratamento: encontrar comida especial que contenha tiabendazol como cura para os nemátodos (vermes) e esperar que o peixe a coma.

11.12.Sanguessugas

Sintomas: As sanguessugas são visíveis na pele do peixe. As sanguessugas são parasitas externos e fixam-se no corpo, nas barbatanas ou nas guelras do peixe. Normalmente aparecem como vermes em forma de coração (estão apenas enrolados) agarrados ao peixe. São normalmente introduzidas no aquário através de plantas ou caracóis.

Uma vez que as sanguessugas estão a sugar e a penetrar na superfície do peixe, a remoção com fórceps pode causar grandes danos, se não a morte, ao peixe. Se o peixe for banhado numa solução de sal a 2,5 por cento durante 15 minutos, a maior parte das sanguessugas deverá cair. As que não caírem serão suficientemente afectadas para serem removidas com uma pinça, com danos mínimos. Outro tratamento consiste em adicionar Trichlorofon a 0,25 mg/l ao aquário. As plantas vivas devem ser removidas e tratadas com permanganato de potássio a 5 mg/l antes de serem replantadas.

11.13Uronema-marinum

Sintomas: Raspagem da pele, descoloração pálida, perda de cor, perda de peso, desidratação, intermitência e respiração rápida. O parasita de água salgada, Uronema marinum, é um protozoário ciliado de vida livre que pode causar infecções fatais em peixes marinhos. É um alimentador oportunista que normalmente se alimenta de bactérias, mas quando a imunização de um peixe é baixa, ele ataca, invadindo os músculos e os órgãos internos do peixe. Esta infestação é frequentemente o resultado da introdução de um novo peixe, sobrelotação e má qualidade da água resultante de uma elevada carga orgânica no aquário.

Este parasita é difícil de identificar, uma vez que os sintomas também podem ser indicativos de outros problemas parasitários e bacterianos. No entanto, pode ser debilitante e, em última análise, fatal para uma variedade de peixes marinhos, incluindo Tangs, especialmente o Tang Amarelo, espécies de peixes-anjo, especialmente os do género Centropyges, cavalos-marinhos, muitas espécies de peixes-borboleta, peixes-java de cabeça amarela e outros.

A melhor maneira de evitar o problema é manter o seu aquário atual livre de infestações. Coloque todos os novos peixes em quarentena durante um período de três semanas, melhore a qualidade da água do aquário e reduza o nível de stress no aquário, reduzindo o número de peixes e incorporando locais para os peixes se esconderem e descansarem.

Há vários tipos de medicamentos que podem ser usados para tratar peixes infectados: Medicamentos como o verde de malaquite, sulfato de cobre ou azul de metileno. Ter cuidado e não esquecer de seguir as instruções do fabricante. Banho de água doce - colocar os peixes infectados no banho de água doce durante um período de três minutos ou até o peixe mostrar sinais de stress.

Tratamento de baixa salinidade (hipo-salinidade) - baixar a salinidade no tanque de quarentena para uma gravidade específica de 1,011 e manter esta salinidade durante 21 dias. Não utilizar este tratamento com invertebrados ou peixes especialmente sensíveis, como tubarões e raias.

Nitrofurazona - um antibiótico que tem alguma ação antiparasitária e que pode ser útil quando utilizado juntamente com imersões em formalina.

Doenças virais

11.14. Lym phocystis

Sintomas: Inchaços brancos nodulares (couve-flor) nas barbatanas ou no corpo. O Lymphocystis é um vírus e, sendo um vírus, afecta as células do peixe. Manifesta-se geralmente como inchaços brancos anormalmente grandes (couve-flor) nas barbatanas ou noutras partes do corpo. Pode ser infecciosa, mas geralmente não é fatal. Infelizmente não tem cura, mas felizmente trata-se de uma doença rara. São sugeridos dois tratamentos. Um tratamento consiste em remover e destruir o peixe infetado o mais rapidamente possível. O outro tratamento consiste simplesmente em separar os peixes infectados durante vários meses e esperar que haja uma remissão, o que geralmente acontece.

Doenças causadas por protozoários

11.15. Myxobolus cerebralis

1. Myxobolus cerebralis tem um ciclo de vida com dois hospedeiros, envolvendo um peixe salmonídeo e um oligoqueta tubificídeo.

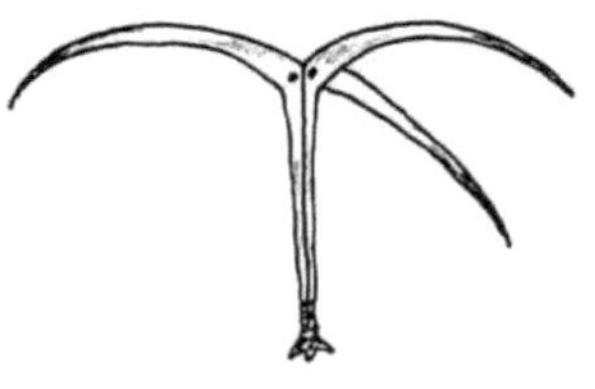

2. O Myxobolus cerebralis é um parasita mixosporiano dos salmonídeos (salmão, truta e seus aliados).

3. Provoca a doença da rodopia em salmões e trutas de viveiro e também em populações de peixes selvagens.

4. A doença do rodopio afecta os peixes juvenis (alevins e juvenis) e causa deformação do esqueleto e danos neurológicos.

5. O parasita não é transmissível ao ser humano.

6. Os peixes "rodopiam" em vez de nadarem para a frente, têm dificuldade em alimentar-se e são mais vulneráveis aos predadores.

7. Os estádios que infectam os peixes, chamados esporos de triactinomyxon, são constituídos por um único estilo com cerca de 150 micrómetros (pm) de comprimento.

8. O estilo tem três processos ou "caudas", cada uma com cerca de 200 micrómetros de comprimento.

9. Um pacote de esporoplasma no final do estilo contém 64 células germinativas rodeadas por um envelope celular.

10. Existem também três cápsulas polares, cada uma das quais contém um filamento polar enrolado com 170 a 180 pm de comprimento.

11. Os filamentos polares, tanto nesta fase como na fase de mixosporo, penetram rapidamente no corpo do hospedeiro, criando uma abertura através da qual o esporoplasma pode entrar.

12. O esporoplasma tem um diâmetro de cerca de 10 micrómetros e é constituído por seis células.

13. O esporoplasma sofre mitose para produzir mais células ameboides, que migram para camadas mais profundas do tecido, a fim de alcançar a cartilagem cerebral.

14. Após o contacto com os peixes hospedeiros e o disparo das cápsulas polares, o esporoplasma contido no estilo central do triactinomixão migra para o epitélio ou para o revestimento do intestino.

15. No lúmen intestinal do verme, os esporos extrudem as suas cápsulas polares e fixam-se ao epitélio intestinal através de filamentos polares.

16. As válvulas da concha abrem-se então ao longo da linha de sutura e a célula germinal binucleada penetra entre as células epiteliais intestinais do verme.

17. Os mixosporos são esporos extremamente resistentes que podem tolerar temperaturas de congelação a -20°C durante pelo menos 3 meses.

18. Cerca de 60-90 dias após a infeção, os estádios celulares sexuais do parasita sofrem esporogénese e desenvolvem-se em pansporocistos, cada um dos quais contém oito esporos do estádio triactinomixónico.

19. Estes esporos são libertados do ânus do oligoqueta para a água. Alternativamente, um peixe pode ser infetado ao comer um oligoqueta infetado.

20. Deformações do esqueleto e comportamento "rodopiante" (perseguição da cauda) em peixes jovens, que se pensava serem causados por uma perda de equilíbrio,

mas é, na verdade, causada por danos na medula espinal e no tronco cerebral inferior.

11.16. Ichthyopthirius multifilis

1. O parasita ciliado Ichthyophthirius, mais conhecido como mancha branca ou Ich.

2. Doença comum dos peixes capaz de afetar praticamente todas as espécies de peixes.

3. O ciclo de vida do líquen é bastante complexo e tem uma grande influência nos métodos de tratamento.

4. A mancha branca do trofonte forma um nódulo sob a pele ou o epitélio branquial.

5. O trofonte gira e move-se constantemente sob a pele, alimentando-se de células destruídas e de fluidos corporais.

6. O parasita alimenta-se das células do corpo até atingir a maturidade e depois "perfura" a sua saída da pele.

7. Em seguida, fixa-se a uma planta ou a outro objeto e forma cápsulas à sua volta.

8. Dentro da cápsula, o tomonte, como é agora chamado, divide-se repetidamente, produzindo até 1000 tomites que finalmente "eclodem" da

cápsula e nadam para encontrar um peixe hospedeiro.

9. Estes pequenos tomitos são o agente infecioso. Eles enterram-se na pele do peixe e o ciclo começa de novo. É claro que, a cada volta do ciclo, o número de parasitas aumenta drasticamente.

10. As brânquias e, por sua vez, a respiração podem ser afectadas.

11. Esfregar o corpo contra objectos em lagos.

12. Crescem cerca de 1 mm entre a epiderme e a derme.

11.17. Gyrodactylus

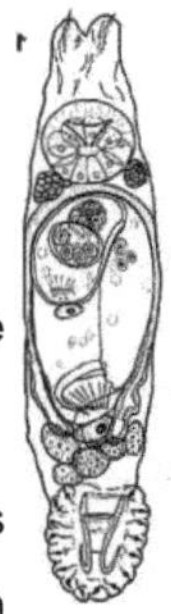

Comentários

1. Gyrodactylus é um pequeno 257

2. ectoparasita monogéneo que vive principalmente na pele de peixes de água doce.

3. São vivíparas ou vivíparas e, por isso, quando as condições na superfície da pele são adequadas, por exemplo, quando há danos na pele e, especialmente, quando os peixes estão stressados, podem aumentar muito rapidamente em número.

4. Os Gyrodactylids têm até 2 mm de comprimento e podem ser facilmente distinguidos de outros monogénios em esfregaços de pele ao microscópio, pela ausência de manchas oculares e pela ocorrência do embrião na região média do corpo

5. É um parasita externo presente na pele, brânquias e barbatanas das carpas.

6. A cor da zona afetada torna-se pálida.

7. As barbatanas ficam desgastadas e são lentamente arrancadas.

8. Os parasitas podem ser observados através da observação ao microscópio de algum muco da zona afetada.

9. Os peixes apresentam manchas escuras na superfície do corpo, com zonas de pele descamada.

10. Fixa-se ao peixe através de um órgão de fixação especializado (haptor) com ganchos afiados, situado na extremidade da cauda do parasita.

11. Quando se alimenta, o parasita cola a extremidade da boca ao salmão.

12. Em seguida, a sua faringe é eclodida através da boca e liberta uma solução digestiva com enzimas proteolíticas que dissolve a pele do salmão.

13. O muco e a pele dissolvida são então sugados para o intestino. Esta atividade alimentar resulta em úlceras e lesões na pele do peixe.

14. Os rios são tratados através da dosagem de pequenos volumes de alumínio aquoso e
ácido sulfúrico para o rio.

11.18. Diplostomulum

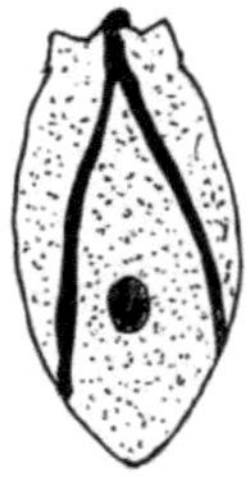

1. São parasitas do intestino de aves que se alimentam de peixe.

2. Os parasitas adultos são geralmente inofensivos, mas a fase larvar do diplostómulo pode constituir um problema grave para os peixes.

3. Vive em tecidos como o olho, onde pode obstruir a visão ao rastejar sobre o cristalino, e o cérebro, onde pode causar problemas neurológicos.

4. Estes tipos de patogénese aumentam a transmissão, tornando o seu hospedeiro mais suscetível à predação por uma ave piscívora.

5. Este género possui um órgão tribocítico glandular no ventre do corpo anterior.

6. Os adultos vivem no intestino das aves.

7. Os ovos são eliminados nas fezes e desenvolvem-se se forem depositados na água.

8. Um miracídio eclode e procura um caracol aquático para penetrar e

infetar. Aí desenvolve-se num esporocisto-mãe que produz muitos esporocistos-filhos.

9. Os esporocistos filhos produzem cercárias que deixam o caracol e nadam em busca de um peixe para infetar.

10. A cercária penetra na pele do peixe, solta a cauda e começa a migrando através dos tecidos.

11. A maior parte acaba nos olhos ou no cérebro, onde se tornam unencistados
metacercárias. Quando o peixe infetado é comido por uma ave, as metacercárias crescem e amadurecem no intestino.

11.19 Argulus

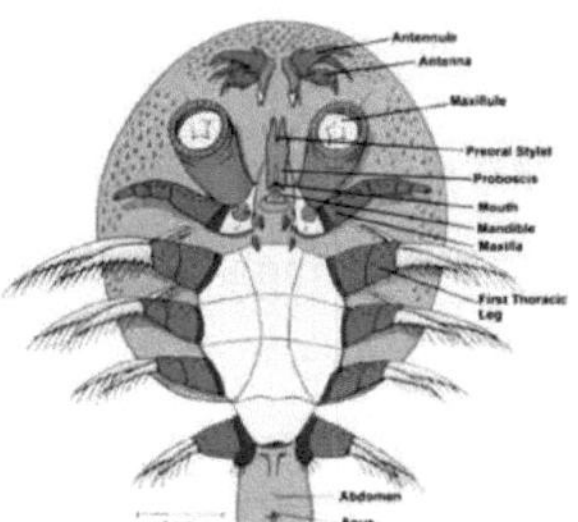

Comentários

1. Argulus ou piolho de peixe, são parasitas comuns dos peixes de água doce.

2. Estes parasitas têm 5-10 mm de tamanho e são constituídos por uma cabeça, um tórax e um abdómen.

3. A cabeça é coberta por uma carapaça achatada em forma de ferradura, maxilípedes, ferrão peroral e glândulas basais.

4. O tórax tem quatro segmentos, cada um com um par de patas natatórias. O abdómen é um segmento bilobado simples.

5. No seu ciclo de vida, as fêmeas maduras deixam o hospedeiro e põem várias centenas de ovos na vegetação e em vários objectos na água.

6. Os ovos têm uma forma ovoide e estão cobertos por uma cápsula gelatinosa.

7. Dependendo da temperatura, são necessários 40-100 dias para completar o ciclo de vida.

8. Os adultos podem viver livres do hospedeiro até 15 dias.

9. Os parasitas inserem um ferrão localizado pré-oralmente para injetar

enzimas digestivas no corpo.

10. Em seguida, sugam os fluidos corporais liquefeitos com a sua boca em forma de probóscide.

11. A alimentação pode ocorrer na pele ou nas guelras dos peixes, causando irritação intensa e danos nos tecidos.

12. É frequente observar-se uma inflamação localizada no local.

13. Bactérias oportunistas, como Aeromonas ou Pseudomonas, podem por vezes infetar estas áreas danificadas, levando a ulcerações cutâneas.

14. Para além dos danos físicos, os peixes afectados estão sujeitos a um stress severo, o que leva frequentemente a infestações parasitárias secundárias com uma mancha branca e Costia.

11.20 Lernaea

Comentários

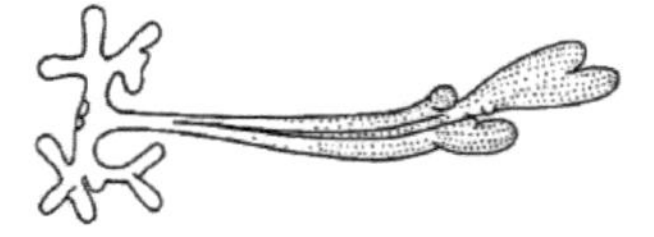

Lernaea

1. A Lernaea, vulgarmente conhecida por verme-âncora, é um grande crustáceo parasita.

2. Como estes copépodes perderam o seu aspeto articulado e se alongaram, assemelham-se agora mais a uma minhoca do que a um crustáceo.

3. O nome "verme-âncora" deve-se ao facto de as fêmeas cravarem a sua extremidade anterior na carne dos peixes hospedeiros, com a ajuda de um órgão especial conhecido como "holdfast", fixando-a assim no local.

4. As Lernaea têm um ciclo de vida direto, não necessitando de hospedeiros intermediários.

5. A fêmea desenvolve dois sacos de ovos distintos que lhe dão uma aparência em forma de Y ou T.

6. Os vermes-âncora machos e fêmeas acasalam à superfície do peixe para acasalar, mas só a fêmea é parasita, o macho morre logo após o acasalamento e a fêmea após libertar os seus ovos.

7. Os ovos são libertados na água onde eclodem e se desenvolvem em jovens crustáceos nadadores livres, passando por vários estádios larvares nadadores livres e parasitas.

8. Durante a fase de copepodídeo (larva parasita), as larvas instalam-se geralmente nas guelras dos peixes. Pode demorar vários meses até que os jovens vermes-âncora se tornem visíveis.

9. Os ovos podem também permanecer viáveis e não serem detectados durante bastante tempo, eclodindo quando as condições e a temperatura da água são adequadas.

10. Os vermes-âncora são mais frequentemente encontrados em peixes de lago, embora ocasionalmente sejam encontrados em aquários de água doce e marinhos.

11. A Lernaea aparece muitas vezes como um pedaço de algodão carnudo ou de fio de pesca de nylon pesado preso à superfície do peixe hospedeiro, mas os parasitas podem fixar-se em qualquer parte do corpo, podendo também perfurar os olhos ou as guelras.

12. Os peixes que são afectados por apenas um ou dois vermes-âncora podem estar relativamente livres de sintomas, à exceção de um coçar e piscar ocasionais e, por vezes, de uma hiperprodução de muco devido à irritação causada pelos parasitas.

13. A redução do apetite também é bastante comum.

14. A mortalidade dos peixes pequenos e dos alevins afectados por um pequeno número de parasitas pode ocorrer em consequência de perdas de sangue e de infecções bacterianas e fúngicas secundárias.

15. As fêmeas parasitas provocam feridas profundas que podem causar hemorragias agudas e úlceras, e podem matar o hospedeiro se um órgão vital for penetrado.

16. O local de penetração é também vulnerável a infecções secundárias por bactérias e fungos patogénicos que podem causar danos nas

barbatanas, hidropisia, perda de escamas, lentidão, perda de peso, etc.

17. Um grande número de larvas parasitas pode causar danos nas brânquias, provocando dificuldades respiratórias e, por vezes, a morte.

18. Os parasitas podem ser cuidadosamente removidos de peixes suficientemente grandes com a ajuda de pinças ou fórceps. Deve ter-se o cuidado de remover todo o parasita e a ferida exposta deve ser tratada com um antissético tópico. As feridas grandes podem então ser seladas com vaselina de qualidade farmacêutica (por exemplo, vaselina). O creme actuará como uma barreira enquanto a ferida cicatriza e pode também ajudar a reduzir o stress osmótico.

19. Existem vários tratamentos químicos de banho que visam as fases larvares do verme-âncora, incluindo o Trichlorfon, que é um composto organofosforado. Eficaz a 0,2-0,3 mg/litro, repetido de sete em sete dias durante quatro a seis semanas (o Trichlorfon é altamente tóxico para os peixes e invertebrados, pelo que deve ser utilizado com extrema precaução). O Dipterex e o Dylox são frequentemente citados na literatura aquática e na Internet como um tratamento eficaz. Ambos os produtos químicos são nomes comerciais do Trichlorfon, pelo que são, de facto, o mesmo produto.

11.21 Saprolegnia

1. *A Saprolegnia* vive em ecossistemas de água doce e é responsável por infecções fúngicas significativas em peixes de água doce e em ovos.

2. Quase todos os peixes de água doce estão expostos a pelo menos uma espécie de fungo durante a sua vida, especialmente desde a fase de ovo.

3. A infeção dos peixes com *Saprolegnia* é designada por "saprolegníase".

4. Nos peixes, *a Saprolegnia* invade os tecidos epidérmicos, começando geralmente na cabeça ou nas barbatanas e podendo espalhar-se por toda a superfície do corpo. É visível como manchas brancas ou cinzentas de

micélio filamentoso.

5. *A saprolegnia* é caracterizada por um aspeto exterior semelhante ao do algodão que se irradia num padrão circular, em forma de crescente ou espiralado.

6. *A saprolegnia* também infecta ovos moribundos através da adesão e penetração da membrana do ovo e pode propagar-se de ovos mortos para ovos vivos.

7. *A Saprolegnia* tem um ciclo de vida complexo, que inclui tanto a reprodução sexual como a assexual.

8. A reprodução sexuada envolve a produção de gametângios de anterídio e oogónio, que se unem para a fertilização.

9. Os esporos assexuados de *Saprolegnia* libertam zoósporos primários móveis, que só estão activos durante alguns minutos antes de encistarem, germinarem e libertarem um zoósporo secundário.

10. Os zoósporos secundários são mais móveis durante um período de tempo mais longo do que os zoósporos primários e são considerados a principal fase de dispersão da saprolegnia.

11. Após a encistamento, os zoósporos secundários libertam pêlos para se fixarem

12. Os esporos fúngicos podem ser transmitidos por peixes de maternidade, peixes selvagens, ovos e água de abastecimento.

13. As manchas de fungos podem ser constituídas por uma ou mais espécies de *Saprolegnia*

14. *A saprolegnia* tem um grande impacto nos salmonídeos, especialmente nos da aquicultura, mas também pode infetar uma série de outros teleósteos.

15. *A saprolegnia* provoca a destruição dos tecidos e a perda do epitélio devido à necrose celular ou a danos dérmicos e epidérmicos, incluindo a penetração das hifas no subsolo.

16. *A saprolegnia* invade geralmente os peixes que foram sujeitos a stress ou que têm um sistema imunitário enfraquecido.

17. *A Saprolegnia* tem uma gama bastante ampla de tolerância à temperatura, de 3° C a 33° C.

18. A mortandade de inverno segue-se a um tempo mais frio do que o normal quando a produção de zoósporos da omnipresente *Saprolegnia* spp. é elevada. O tempo mais frio suprime o sistema imunitário do peixe-gato, tornando-o suscetível à saprolegníase.

19. A formalina, numa solução a 37%, é eficaz no tratamento da *saprolegnia* e é o único fungicida registado para utilização em aquacultura nos Estados Unidos.

20. O peróxido de hidrogénio é um produto químico promissor para o tratamento da *saprolegnia* com um impacto mínimo no ambiente.

11.22 Sanguessuga de peixe (Piscicola Geometra)

Comentários

1. A sanguessuga é um verdadeiro parasita, pois morde o peixe e alimenta-se dos fluidos e tecidos da carpa, causando danos imensos e, finalmente, levando à morte certa da carpa se não for controlada.

2. São nadadores muito hábeis, podem ser vistos a visar peixes do outro lado de um lago e a nadar com bastante força até à sua vítima.

3. A sanguessuga é também ovípara e produz ovos.

4. A sanguessuga tem de deixar o peixe para realizar a função de postura dos ovos nas ervas daninhas ou no fundo ou nos lados do tanque.

5. O ciclo de vida completo pode demorar até 30 dias. A via mais comum de infeção é através de plantas não tratadas introduzidas no tanque e de aves, sendo muito rara a entrada de peixes.

6. Os sintomas incluem: letargia extrema, palidez e escurecimento da cor, e morte! Não é necessário qualquer exame microscópico.

7. A sanguessuga é de cor castanha pálida/buff com cerca de 1 mm de largura e pode medir até 25 mm de comprimento. Acima de tudo, é possível vê-las! Mesmo a 3 ou 4 metros de distância, elas são óbvias.

8. Para a erradicação de sanguessugas, é necessário Masoten, como doseado para piolhos ou vermes-âncora, ou malatião. Este tratamento nem sempre é possível.

9. É possível reduzir drasticamente o número de sanguessugas pendurando um pequeno pedaço de carne ensanguentada num cordel no tanque. Assim, as sanguessugas serão atraídas para se alimentarem. Uma vez presentes na carne, esta pode ser retirada com as sanguessugas presas e estas podem ser retiradas e destruídas e um novo pedaço de carne pode ser pendurado.

10. Em alternativa, podemos esvaziar o tanque e limpá-lo, drenar os filtros e deixar secar durante uma semana, mesmo que os ovos não resistam à secagem.

11. Em alternativa, podemos deixar o tanque vazio mas a funcionar e aumentar a salinidade do tanque vazio para 3%.

Capítulo 12. Identificação e estudo dos insectos aquáticos

12.1. Notonecta lunata

1. Os nadadores-dorsais são insectos com cerca de 10 mm de comprimento e grandes olhos compostos.

2. Nadam de cabeça para baixo, movendo-se a remos com as suas longas patas traseiras cobertas de pêlos.

3. São também bons voadores e têm asas bem desenvolvidas.

4. Os adultos de *Notonecta unifasciata* são brancos ou verde-escuros por cima e pretos por baixo. No Ocidente, observam-se variantes de cor mais pálida.

5. Os nadadores-dorsais usam as patas dianteiras para agarrar as presas (geralmente outros insectos aquáticos ou pequenos vertebrados aquáticos); depois usam as suas peças bucais perfurantes para matar e sugar os fluidos das presas.

6. Se manuseado de forma descuidada, o nadador-saltador pode infligir uma picada comparável à picada de uma abelha; esta caraterística valeu-lhe os nomes comuns alternativos de *vespa-d'água* e *abelha-d'água.*

7. Os nadadores-dorsais mantêm uma reserva de ar, aprisionando-o em bolsas na ponta do abdómen. Isto permite-lhes permanecer submersos (inactivos) até seis horas antes de terem de voltar à superfície para reabastecer esta reserva de ar.

8. Os nadadores-dorsais encontram-se geralmente em posição de repouso, de cabeça para baixo, à superfície, com o abdómen em contacto com o ar.

9. Os machos esfregam as patas dianteiras contra o rostro, para emitir um som utilizado para atrair uma companheira.

10. Após o acasalamento, as fêmeas põem ovos brancos, geralmente em grupos de dez ou menos, sobre ou inseridos nas folhas e caules da vegetação aquática.

11. Os ovos eclodem em poucas semanas e as ninfas, tal como os adultos, são predadores vigorosos.

12. O dorso é convexo e de cor clara, sem estrias transversais. Os tarsos anteriores não são em forma de concha e as patas posteriores são franjadas para nadar.

13. Os nadadores-dorsais são predadores e atacam presas tão grandes como girinos e pequenos peixes, podendo infligir uma mordedura dolorosa a um ser humano. Habitam água doce parada, por exemplo, lagos, piscinas, pântanos, e são por vezes encontrados em lagos de jardim. Voam bem e, por isso, migram facilmente para novos habitats.

12.2 *Laccotrephes fabricii*

Escorpião de água

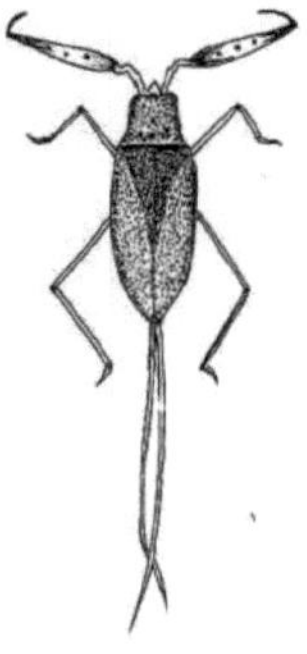

1. 3 pares de patas e 2 pares de asas.

2. As patas dianteiras dos escorpiões aquáticos estão igualmente adaptadas para agarrar as presas, mas não têm pinças; em vez disso, utilizam um desenho em forma de "jack-knif", com os segmentos exteriores a dobrarem-se numa ranhura para agarrar as presas.

3. A cauda de um escorpião tem 6 segmentos arredondados com um espinho venenoso terminal e pode ser dobrada para a frente sobre o dorso do animal.

4. O sifão da cauda dos escorpiões aquáticos é, na verdade, dois filamentos rectos pressionados um contra o outro

5. Os escorpiões aquáticos têm um sifão respiratório longo e fino na extremidade do corpo e patas dianteiras modificadas para se agarrarem, o que lhes confere uma semelhança superficial com os escorpiões.

6. Ao contrário dos escorpiões, é o rostro colocado debaixo da cabeça que pode infligir uma "dentada" dolorosa.

7. Estes insectos atingem 65 mm de comprimento, mas metade do seu comprimento total é constituído pelo sifão.

8. Os escorpiões aquáticos vivem em águas pouco profundas e lamacentas, onde podem cobrir o dorso com lama e esperar escondidos por uma presa. A maior parte das presas são insectos, como mosquitos, pernilongos, girinos e pequenos peixes.

9. Embora os adultos tenham asas, têm relutância em voar e são frequentemente dos últimos animais a abandonar um charco temporário quando este seca.

10. Cada escorpião aquático repousa com a ponta do seu sifão respiratório a romper a superfície da água para aceder ao ar.

11. No adulto, o depósito de ar está localizado debaixo das asas, enquanto a ninfa tem um sifão muito mais curto e o depósito de ar está debaixo do corpo.

12. Os ovos do escorpião-de-água são invulgares por terem cornos respiratórios.

13. A fêmea posiciona os ovos de forma a ficarem submersos, com os cornos expostos ao ar.

14. O ar entra numa zona entre as camadas exterior e interior da casca. Mesmo quando submerso, isto permite que o ovo tenha acesso ao ar para sobreviver.

12.3. Ranatra

1. O Ranatra é um predador delgado conhecido como . insectos-pau d'água ou escorpiões d'água.

2. Tórax longo e afunilado e abdómen quase cilíndrico.

3. As suas patas dianteiras são fortes e são utilizadas para agarrar as presas.

4. Respiram através de um par de longos tubos respiratórios que saem da cauda.

5. Os Ranatra são de cor pálida.

6. Os adultos voam em dias quentes, levantando as asas para revelar um abdómen com o topo vermelho.

7. Estes insectos delgados são bastante comuns e estão disseminados em águas de fluxo lento com vegetação densa.

8. Os ovos demoram normalmente duas a quatro semanas a eclodir e as crias demoram cerca de dois meses a amadurecer.

9. Os adultos têm 30-35 mm de comprimento e uma "cauda" de 1015 mm.

10. Alimentam-se de girinos, pequenos peixes e outros insectos.

11. Perfuram as suas presas com o bico e injectam uma saliva que as sedimenta e começa a digerir.

12.4. Lethocerus insulanus

1. Até 70 mm de comprimento.

2. O corpo é compacto e achatado, com um par de poderosas patas dianteiras modificadas para agarrar.

3. Ambos terminam numa garra forte e afiada, e podem ser dobrados de modo a que o bordo interior do fémur se encaixe numa ranhura no tarso.

4. Os insectos são um grupo específico de insectos pertencentes à ordem Hemiptera.

5. Todos os membros desta ordem têm peças bucais perfurantes e sugadoras e alimentam-se de comida líquida.

6. Na parte inferior da cabeça existe um tubo de alimentação conhecido como rostro.

7. O rostro é uma estrutura complexa com uma camada exterior robusta que cobre um par de agulhas ocas muito finas (estiletes).

8. Apenas os estiletes penetram nos alimentos. Um dos estiletes liberta a saliva, enquanto o outro funciona como um canal alimentar.

9. Uma vez capturada, a presa é perfurada e injectada com saliva. Esta digere os tecidos internos da presa, reduzindo-os a uma "sopa" que é aspirada e ingerida.

10. Os Lethocerus põem ovos e as crias que eclodem são chamadas ninfas.

11. Os Lethocerus sofrem uma metamorfose incompleta, pelo que as ninfas se assemelham a pequenos adultos, mas não têm asas e não podem voar.

12. Alguns retiram o ar da superfície através dos espaços aéreos entre a cabeça e o tórax ou através de tubos chamados sifões que saem da ponta do abdómen

13. O ar captado pode ser armazenado no dorso, por baixo das asas, ou preso na parte inferior com pêlos especializados.

14. Uma vez que vivem à superfície, os salteadores aquáticos não dispõem de um mecanismo respiratório especializado e estão cobertos por uma camada de pêlos impermeáveis.

15. Passam a maior parte do tempo a descansar entre as algas, com as patas dianteiras estendidas, prontas para emboscar qualquer coisa que passe.

16. Capaz de capturar pequenos peixes, rãs e girinos.

17. O macho guarda os ovos.

12.5. Diplonychus Insectos aquáticos *Diplonychus* spp.

1. Estes insectos têm um aspeto e uma biologia semelhantes aos do inseto aquático gigante, mas são muito mais pequenos (15 a 20 mm de comprimento).

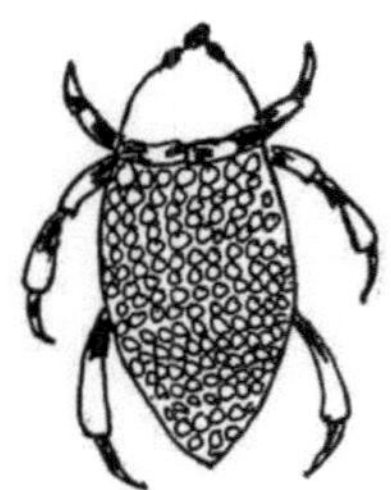

2. O cuidado paternal nos Diplonychus é ainda mais extremo do que nos percevejos gigantes, uma vez que o macho carrega os ovos às costas.

3. Para atrair uma companheira, o macho cria ondulações na água.

4. Quando a fêmea chega, tenta pôr os ovos nas costas do macho, mas ele impede-a, até ter acasalado várias vezes.

5. A postura alternada de ovos e o acasalamento podem demorar mais de 24 horas, altura em que o dorso do macho está coberto com 50 a 100 ovos.

6. O macho fica perto da superfície da água com os ovos expostos ao ar.

7. Escova ritmicamente os ovos com as patas traseiras para fazer circular a água e manter os ovos arejados e limpos.

12.6. Eretes australis

1. Escaravelhos aquáticos predadores.

2. Tanto os adultos como as larvas são predadores e atacam uma grande variedade de pequenos organismos aquáticos.

3. Embora a maioria das espécies seja de tamanho pequeno a médio, alguns adultos podem atingir um comprimento de 35 mm.

4. Corpo duro, liso, oval, sem espinha ventral.

5. Patas traseiras achatadas e com uma franja de pêlos para poderem

servir de remo.

6. Antenas longas e finas.

7. Na água, nadam movendo as patas traseiras em simultâneo, como se fossem remos.

8. Os adultos são capazes de voar para habitats isolados, o que permitiu a sua disseminação para habitats aquáticos em toda a Austrália.

9. As orelhas-do-mar preferem geralmente águas lentas ou estagnadas, como lagoas, lagos, charcos, barragens e poças nas margens dos cursos de água.

10. Necessitam de ar atmosférico e os escaravelhos adultos vão à superfície para recolher o ar que armazenam numa câmara por baixo dos seus élitros (coberturas das asas), o que lhes permite aumentar o tempo de imersão.

11. As larvas não têm esta capacidade, mas muitas espécies utilizam um sifão sob a forma de longos filamentos na extremidade do abdómen.

12. Tanto os adultos como as larvas são predadores.

13. Os adultos são capazes de comer através de uma abertura normal da boca.

14. A maioria das larvas não tem abertura bucal, mas tem mandíbulas longas e em forma de foice que lhes permitem sugar os fluidos das suas presas.

15. As larvas atacam animais muito maiores do que elas e são conhecidas por se alimentarem de outros insectos, crustáceos, vermes, sanguessugas, moluscos, girinos e pequenos peixes.

16. Reprodução e estabelecimento.

17. Os adultos põem geralmente os ovos nos caules subaquáticos das plantas, utilizando o seu ovipositor para cortar o caule e depositar os ovos.

18. A larva forma uma célula no solo húmido perto da água, e os adultos regressam à água depois de emergirem.

12. 7. Laccophilus hyalinus

1. Este pequeno e atraente escaravelho aquático tem um padrão de marcas pálidas nas suas asas.

2. Está bem adaptado à vida subaquática.

3. Cabeça afundada no tórax.

4. As patas traseiras tornaram-se achatadas e dotadas de pêlos para facilitar a natação.

5. Todo o animal é muito bem definido e o seu aparelho respiratório foi concebido para ser o mais eficiente possível.

6. Voadores fortes.

7. Está associada às margens bem arborizadas de valas e lagos, muitas vezes com estrelícias-de-água e caudas-de-macaco ladeadas por erva-doce flutuante.

8. . Tanto os adultos como as larvas são carnívoros ferozes. As larvas alimentam-se injectando fluidos digestivos e sugando as presas até ficarem secas. Os adultos alimentam-se da forma convencional, mastigando as suas presas com as mandíbulas bem desenvolvidas.

12.8. Duneutes

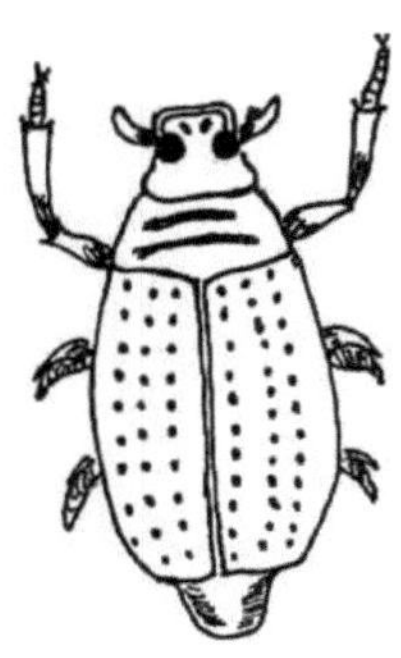

1. Vulgarmente conhecidos como escaravelhos rodopiantes.

2. O seu nome comum deve-se ao facto de nadarem rapidamente em círculos quando alarmados, sendo também notáveis pelos seus olhos divididos que podem ver tanto acima como abaixo da água.

3. Primeiro esternito abdominal dividido pelas coxas posteriores (subordem Adephaga).

4. Antenas curtas e com bastões.

5. Aparentemente, dois pares de olhos, um acima e outro abaixo do nível da água.

6. Membros anteriores longos e finos; membros médios e posteriores curtos e em forma de pá, não ultrapassando a margem do abdómen (apenas os membros anteriores são visíveis em vista dorsal).

7. corpo alongado-oval e achatado, com 3 a 15 mm de comprimento.

8. As larvas são predadoras de outros insectos aquáticos.

9. Os adultos são habitantes da superfície e vivem como necrófagos.

10. 3 géneros, cerca de 50 espécies na América do Norte.

11. Vivem à superfície da água.

12. São também conhecidos pelo seu comportamento em grupo, um mecanismo de sobrevivência que os ajuda a evitar a predação.

Referências

- http://agropedia.iitk.ac.in/content/induced-breeding-pituitary-gland-extraction-form-fish

- Departamento de Pescas e Aquacultura. Organização das Nações Unidas para a Alimentação e a Agricultura

- http://www.fishbase.org/summary/10243

- Whitehead, P.J.P., 1985. Catálogo de espécies da FAO. Vol. 7, Clupeoid fishes of the world (suborder Clupeioidei). An annotated and illustrated catalogue of the herrings, sardines, pilchards, sprats, shads, anchovies and wolf-herrings. FAO Fish. Synop. 125(7/1):1-303. Roma: FAO.

- Froese, R. e D. Pauly. Editores. 2013. FishBase. Publicação eletrónica na World Wide Web

- http://www.fao.org/fishery/culturedspecies/Lates_calcarifer/en

- http://www.fao.org/fishery/species/2478/en

- ftp://ftp.fao.org/docrep/fao/009/t0539e/T0539E13.pdf

- http://www.fao.org/fishery/species/2949/en

- https://www.fisherieswiki.org/species/show/152

- http://www.animalspot.net/pomfret-fish.html

- http://en.wikipedia.org/wiki/Primary_production

- http://lakes.chebucto.org/phyto.html#Blue-green

- http://www.efishalbum.com/search.asp?CommonName=&Family=&Pa ge =4&Species=

- http://www.fishbase.org/summary/7523

- http://www.fishbase.org/summary/14614

- http://freshaquarium.about.com/cs/disease/p/finrot.htm

- Peixes tropicais de aquário e doenças dos peixes

http://www.fishyportal.com/cgi- bin/pub/diag?c=v&id=46

- Dropsy (edema), Malawi Bloat and Similar Syndromes Identificação, patologia, tratamento e prevenção de dropsy (edema), Malawi bloat e síndromes semelhantes em peixes de aquário. Por Neale Monks, Ph.D. I http://www.fishchannel.com/fish-health/disease-prevention/dropsy-malawi-bloat.aspx

- http://animal-world.com/encyclo/fresh/information/Diseases.htm Mundo dos animais - informações sobre animais de estimação e animais

- http://animal-world.com/encyclo/fresh/goldfish/BlackMoor.php

- Teia da biodiversidade animal.

http://animaldiversity.org/accounts/Cyprinus_carpio/. Universidade de Mishigan, museu de zoologia.

- http://animal-world.com/encyclo/fresh/goldfish/BubbleEye.php

- O Guppy - Um guia sobre criação, dieta, sexagem, cuidados e fórumhttps://www.aqua-fish.net/articles/guppy-fish-guide-breeding-diet-sexing-care-forum

- Manutenção prática de peixes.

http://forum.practicalfishkeeping.co.uk/showthread.php?t=25397.

- Mundo animal. http://animal-world.com/encyclo/fresh/goldfish/CommonGoldfish.php.

- Mundo animal. http://animal-world.com/encyclo/fresh/anabantoids/bettas.php.

- Mundo animal. http://animal-world.com/encyclo/fresh/anabantoids/kissinggour.php

- Mundo animal. http://animal-world.com/encyclo/fresh/cyprinids/tigerbarb.php

- Mundo aquático. Plantpedia.

http://www.aquascapingworld.com/plantpedia/full_view_plant.php?item_i

d=67.

- https://www.google.co.in/search?hl=en&site=imghp&tbm=isch&source =hp&biw=1366&bih=663&q=Echinodorus+Tenellus&oq=Echinodorus+Te n ellus&gs l=img.12..0l5j0i30i0i5i30|0i30l3.910.910.0.2070.1.1.0.0.0.0.158 .158.0j1.1.0....0...1ac.1.64.imq..0.1.158.rG5AlCmq91k#imqrc=Y6o6TQk eYmnTkM%3A
- http://www.monodb.orq/speciesdetails.php7first name=Gyrodactylus%2 0anisofaringe
- http://www.imqneed.com/arqulus.html
- https://www.studyblue.com/notes/note/n/bio-1110-study-quide-2012- 13- otter/deck/9725894
- http://webcache.qooqleusercontent.com/search?q=cache:http://www.b ettainfo.com/betta-body-rot&qws_rd=cr&ei=qJB3VvbiH8q7uASppqTwCq
- http://webcache.qooqleusercontent.com/search?q=cache:http://orqanic soiltechnoloqy.com/pseudomonas-fluorescens-phosphate- solubilization.html&qws_rd=cr&ei=RZF3VsDTQ4eeuqT6xZPACQ
- http://www.acuaristasperu.net/forum/index.php?topic=2648.0
- http://webcache.qooqleusercontent.com/search?q=cache:http://www.si mplydiscus.com/library/disease_medications/medicine_cabinet/freshwate r _parasites_intro13.shtml&qws_rd=cr&ei=KZZ3Vuz8LsGJuQSh2KSACw
- http://webcache.qooqleusercontent.com/search?q=cache:http://www.c ol oradokoi.com/koip.htm&qws_rd=cr&ei=6Jl3VpviEoeLuwSy_r3YDq
- https://www.qooqle.co.in/search?hl=en&biw=1366&bih=667&site=imqh p&tbm=isch&sa=1&q=leech&oq=leech&qs_l=imq.3...2170.2750.0.2964.5. 5.0.0.0.0.0.0..0.0....0...1c.1.64.imq..5.0.0.GzvlFT- le7l#imqrc=m0qK2nqCciEYMM%3A
- http://fischerzeug erring-niederbayern.de/fachber07.htm

yes

I want morebooks!

Buy your books fast and straightforward online - at one of world's fastest growing online book stores! Environmentally sound due to Print-on-Demand technologies.

Buy your books online at
www.morebooks.shop

Compre os seus livros mais rápido e diretamente na internet, em uma das livrarias on-line com o maior crescimento no mundo! Produção que protege o meio ambiente através das tecnologias de impressão sob demanda.

Compre os seus livros on-line em
www.morebooks.shop

info@omniscriptum.com
www.omniscriptum.com

Printed by Books on Demand GmbH, Norderstedt / Germany